余姚古树

向继云 主编

中国林业出版社
China Forestry Publishing House

余姚古树

向继云 主编

中国林业出版社
China Forestry Publishing House

图书在版编目(CIP)数据

余姚古树 / 向继云主编. -- 北京 : 中国林业出版社, 2019.12

ISBN 978-7-5038-9789-4

Ⅰ. ①余… Ⅱ. ①向… Ⅲ. ①树木－介绍－余姚 Ⅳ. ①S717.255.4

中国版本图书馆CIP数据核字(2020)第016343号

中国林业出版社·林业分社

责任编辑： 李　敏　于晓文

出版发行　中国林业出版社

　　　　　（100009 北京市西城区德胜门内大街刘海胡同 7 号）

网　　址　http：//www.forestry.gov.cn/lycb.html

电　　话　(010) 83143575　83143549

印　　刷　固安县京平诚乾印刷有限公司

版　　次　2020 年 3 月第 1 版

印　　次　2020 年 3 月第 1 次

开　　本　889mm×1194mm　1/16

印　　张　19.25

字　　数　480 千字

定　　价　198.00 元

《余姚古树》编辑委员会

主　　任　项立秋
副 主 任　张焕钦
委　　员　向继云　柳建定　吕华明

主　　编　向继云
副 主 编　鲁才员　熊小萍　郑友法
参编人员（以拼音为序）

陈东海　陈利均　陈荣锋　陈维君　陈文伟
冯曼璐　龚文钿　胡松军　江　轩　李章达
厉　鑫　林建栋　卢　婷　罗国安　罗忠良
茅忠权　苗国丽　沈百年　沈百忠　沈焕忠
沈　颖　史济东　宋柯群　汪建波　王菊英
王利平　吴如燕　谢严凌霄　徐建群　徐小春
许　俊　杨炯彬　张素艳　郑岳云　周金富
周立波

主编单位　余姚市绿化管理中心

古树

古树是森林资源中的瑰宝，是自然界和前人留下的珍贵遗产，生动反映了自然的变迁，客观记录着社会的发展，是不可再生、不可替代的"活文物""活化石"。一棵饱经沧桑的古树，往往体现了一个地区深厚的历史文化底蕴，蕴藏着独一无二、值得探究的政治、历史、人文价值，也是一座城市文化历史的重要标志。

　　余姚地处美丽富饶的长江三角洲姚江流域，南依四明山脉，北濒杭州湾，自然条件优越，人文历史悠久，是中华民族文明的摇篮，它孕育着七千年的河姆渡文化，素有"文献名邦""东南名邑"之美誉。悠悠历史长卷不但记载着辉煌文化，还留存着文明精华，古树就是其中的一个重要组成部分。历年来，余姚市委市政府高度重视古树的保护与管理工作，曾分别于2002年、2012年、2017年，在全市范围内组织开展古树资源普查建档工作。2002年查得古树650株，2012年查得古树683株，2017年查得古树747株。其中，一级古树58株，二级古树101株，三级古树588株，古树群10个。古树的发现，映衬出余姚悠久的历史和灿烂的文明，让我们惊喜，更让我们笃定保护古树的决心。

为更好保护和利用珍贵的古树资源，让广大市民认识和了解古树，我们用镜头记录它们的容貌，透过镜头感受它们历久弥坚的魅力，余姚市绿化管理中心编辑了《余姚古树》。本书图文并茂，详细记录了古树的树种、科属、树龄、保护等级、树高、冠幅、胸（地）围、经纬度、位置等，是融科学性和审美性于一体的图册。

　　《余姚古树》在编辑出版的过程中，得到了各级领导的高度重视和有关单位、部门、乡镇（街道）的大力支持、帮助与指导。谨此，向在本图册编写和出版工作中付出辛勤劳动的单位和个人表示衷心感谢。在此特别感谢浙江省森林资源监测中心陈春雷、王柯等为我们提供的宝贵照片。同时，希望广大市民群众进一步提高保护古树的意识，积极参与到古树保护的行列中来，使其更好造福余姚人民，造福子孙后代。

　　鉴于编者水平有限、时间仓促，书内错误及不妥之处在所难免，敬请读者不吝批评指正。

编者

2019 年 11 月 8 日

目 录

樟 树

028130200001

🌐 学名	*Cinnamomum camphora* (Linn.) Presl	科	樟科	属	樟属
📍 位置	余姚市阳明街道畈周村何高岙38号	经度	121.128344°E	纬度	30.065902°N

🗂 古树等级
三级

⏳ 树龄
100年

🌲 树高
14米

◎ 胸围
360厘米

◎ 平均冠幅
9.5米

樟 树

028130200002

🌐 学名　*Cinnamomum camphora* (Linn.) Presl
科　　樟科
属　　樟属

📍 位置　　余姚市阳明街道畈周村何高岙21号
经度　　121.128666°E
纬度　　30.064722°N

🗂 古树等级
三级

⏳ 树龄
200年

🌲 树高
20米

◎ 胸围
300厘米

◎ 平均冠幅
10米

黄檀

学名 *Dalbergia hupeana* Hance   科 豆科   属 黄檀属
位置 余姚市梨洲街道长田村范太坞   经度 121.131326°E   纬度 29.918585°N

028130300001

古树等级
三级

树龄
265年

树高
13米

胸围
170厘米

平均冠幅
9米

糙叶树

学名 *Aphananthe aspera* (Thunb.) Planch.
科 榆科
属 糙叶树属

位置 余姚市梨洲街道长田村下章
经度 121.137492°E
纬度 29.923545°N

028130300002

古树等级
三级

树龄
215年

树高
23米

胸围
230厘米

平均冠幅
9.5米

金钱松

- 学名　*Pseudolarix amabilis* (Nelson) Rehd.
- 科　　松科
- 属　　金钱松属

- 位置　余姚市梨洲街道菱湖村菱湖公交站（岭头）
- 经度　121.146907°E
- 纬度　29.917329°N

 古树等级
　　　三级

树龄
215年

树高
23米

胸围
215厘米

平均冠幅
9.5米

锥 栗

- 学名　*Castanea henryi* (Skan) Rehd. et Wils.　　科　壳斗科　　属　栗属
- 位置　余姚市梨洲街道上王岗村上王　　经度　121.166182°E　　纬度　29.926853°N

古树等级
一级

树龄
515年

树高
30米

胸围
330厘米

平均冠幅
23米

余姚市梨洲街道古树

槐 树

🌳 学名 *Sophora japonica* (Dum.-Cour.) Linn.　　科　豆科　　属　槐属

📍 位置　余姚市梨洲街道上王岗村上王　　经度　121.165723°E　　纬度　29.926647°N

028120300005

📖 古树等级
二级

⏳ 树龄
315年

🌲 树高
8.5米

◎ 胸围
230厘米

◎ 平均冠幅
11米

柳 杉

🌳 学名 *Cryptomeria japonica* (L. f.) D.Don var.
　　　　 sinensis Sieb.

科　杉科

属　柳杉属

📍 位置　余姚市梨洲街道上王岗村下南王

经度　121.15644444°E

纬度　29.90695°N

028130300006

📖 古树等级
三级

⏳ 树龄
115年

🌲 树高
18米

◎ 胸围
200厘米

◎ 平均冠幅
6米

黄 檀

- 学名　*Dalbergia hupeana* Hance
- 科　　豆科
- 属　　黄檀属

- 位置　余姚市梨洲街道上王岗村下南王
- 经度　121.1562°E
- 纬度　29.90825°N

028110300007

古树等级
一级

树龄
615年

树高
17米

胸围
180厘米

平均冠幅
8.5米

樟 树

- 学名　*Cinnamomum camphora* (Linn.) Presl　　科　樟科　　属　樟属
- 位置　余姚市梨洲街道最良村下史家　　经度　121.154274°E　　纬度　30.036801°N

028110300008

古树等级
一级

树龄
515年

树高
17米

胸围
370厘米

平均冠幅
15.5米

糙叶树

028120300009

🌳 学名	*Aphananthe aspera* (Thunb.) Planch.	科	榆科	属	糙叶树属
📍 位置	余姚市梨洲街道金冠村冠佩（兴隆庙）	经度	121.15336389°E	纬度	29.92913889°N

古树等级
二级

树龄
315年

树高
18米

胸围
410厘米

平均冠幅
13.5米

糙叶树

028130300010

🌳 学名	*Aphananthe aspera* (Thunb.) Planch.	科	榆科	属	糙叶树属
📍 位置	余姚市梨洲街道金冠村冠佩（兴隆庙）	经度	121.153441°E	纬度	29.928898°N

位于金冠村里冠佩自然村的冠溪溪边，一左一右，隔路而生，均相溪边而栽。据传北宋宣延颁敕政末据，迁居冠佩，复兴村坊，冠佩族人已繁衍成一个大族，冠家世代尊师崇文，代代相传。到明代时谈书说诗之风盛行，其间有一赶路青年，人品出众，图文刻苦，十年寒窗，志在金榜题名。这一年正值科考，那青年便决意进京赴考，又准备娶妻，无奈路遥通道不能同行，便在离家时和妻子共同种下两棵小树苗。不料青年在京三科才中，妻子在家久等无音讯。青年进京，竟思忘成疾，却候而亡，待青年衣锦还乡，不见娇妻，只有百年老下的小树解伸人意，枝枝相搭，紧紧缠绕，难以割舍。后人把这二棵树称为"爱情树"。据传，男女同栽爱情树可保庭和睦，夫妻长寿，婚姻美满，白头偕老。

枫 香

028120300011

🌳 **学名** *Liquidambar formosana* Hance
　科　金缕梅科
　属　枫香树属

📍 **位置**　余姚市梨洲街道金冠村金呑
　经度　121.13947°E
　纬度　29.94203°N

📖 **古树等级**
二级

⏳ **树龄**
315年

↕ **树高**
27米

◎ **胸围**
300厘米

◎ **平均冠幅**
14.5米

枫 杨

028120300012

🌳 **学名** *Pterocarya stenoptera* C. DC.　　**科**　胡桃科　　**属**　枫杨属
📍 **位置**　余姚市梨洲街道金冠村金呑　　**经度**　121.139402°E　　**纬度**　29.942233°N

📖 **古树等级**
二级

⏳ **树龄**
315年

↕ **树高**
29米

◎ **胸围**
470厘米

◎ **平均冠幅**
19米

枫 杨

🌳 **学名** *Pterocarya stenoptera* C. DC.
　科 胡桃科
　属 枫杨属

📍 **位置** 余姚市梨洲街道雁湖村勤丰岗
　经度 121.15756944°E
　纬度 29.93992222°N

古树等级
三级

树龄
265年

树高
18米

胸围
300厘米

平均冠幅
14米

黄 檀

🌳 **学名** *Dalbergia hupeana* Hance
　科 豆科
　属 黄檀属

📍 **位置** 余姚市梨洲街道雁湖村勤丰岗
　经度 121.15761111°E
　纬度 29.93999167°N

古树等级
三级

树龄
265年

树高
15米

胸围
105厘米

平均冠幅
8米

青钱柳

🌳 **学名** *Cyclocarya paliurus* (Batal.) Iljinsk.
　科　　胡桃科
　属　　青钱柳属

📍 **位置**　余姚市梨洲街道燕窝村东湾龙王殿
　经度　121.181022°E
　纬度　29.961077°N

🏷 **古树等级**
三级

⏳ **树龄**
215年

📏 **树高**
16米

🎯 **胸围**
240厘米

🌲 **平均冠幅**
10米

枫 香

🌳 **学名** *Liquidambar formosana* Hance
　科　　金缕梅科
　属　　枫香树属

📍 **位置**　余姚市梨洲街道陈洪村流水潭
　经度　121.179097°E
　纬度　29.977306°N

🏷 **古树等级**
三级

⏳ **树龄**
215年

📏 **树高**
23米

🎯 **胸围**
305厘米

🌲 **平均冠幅**
13.5米

银 杏

028110300017

- 🌳 **学名** *Ginkgo biloba* Linn.
- **科** 银杏科
- **属** 银杏属

- 📍 **位置** 余姚市梨洲街道苏家园村苏家园
- **经度** 121.15208611°E
- **纬度** 29.99641111°N

- **古树等级** 一级
- ⧖ **树龄** 515年
- **树高** 23米
- ◎ **胸围** 445厘米
- ◎ **平均冠幅** 15米

樟 树

028130300018

- 🌳 **学名** *Cinnamomum camphora* (Linn.) Presl   **科** 樟科   **属** 樟属
- 📍 **位置** 余姚市梨洲街道三溪口村金瑞公寓后   **经度** 121.13253°E   **纬度** 30.001214°N

- **古树等级** 三级
- ⧖ **树龄** 215年
- **树高** 16米
- ◎ **胸围** 228厘米
- ◎ **平均冠幅** 10米

朴 树

- 🌳 **学名** *Celtis sinensis* Pers.
- 📍 **位置** 余姚市梨洲街道金冠村金岙

科 榆科　　**属** 朴属

经度 121.13952778°E　　**纬度** 29.94190833°N

- 🏛 **古树等级** 三级
- ⏳ **树龄** 150年
- 🌲 **树高** 12米
- 🌳 **胸围** 200厘米
- ⊙ **平均冠幅** 14米

樟 树

028130300020

- 🌳 **学名** *Cinnamomum camphora* (Linn.) Presl
- 📍 **位置** 余姚市梨洲街道三溪口村金瑞公寓后

科 樟科　　**属** 樟属

经度 121.13265278°E　　**纬度** 30.00061667°N

- 🏛 **古树等级** 三级
- ⏳ **树龄** 215年
- 🌲 **树高** 16米
- 🌳 **胸围** 230厘米
- ⊙ **平均冠幅** 13米

玉 兰

028130300021

- 学名　*Magnolia denudata* Desr.
- 科　　木兰科
- 属　　木兰属

- 位置　余姚市梨洲街道雁湖村勤丰岗
- 经度　121.15763889°E
- 纬度　29.94003056°N

古树等级
三级

树龄
115年

树高
18米

胸围
135厘米

平均冠幅
8.5米

朴 树

028130300022

- 学名　*Celtis sinensis* Pers.
- 位置　余姚市梨洲街道雁湖村勤丰岗

- 科　榆科
- 经度　121.15763889°E

- 属　朴属
- 纬度　29.94003611°N

古树等级
三级

树龄
115年

树高
18米

胸围
125厘米

平均冠幅
9米

玉 兰

028130300023

- 学名　*Magnolia denudata* Desr.
  - 科　　木兰科
  - 属　　木兰属

- 位置　余姚市梨洲街道雁湖村勤丰岗
  - 经度　121.15775556°E
  - 纬度　29.94011667°N

- 古树等级
  三级

- 树龄
  115年

- 树高
  11米

- 胸围
  157厘米

- 平均冠幅
  7米

青钱柳

028130300024

- 学名　*Cyclocarya paliurus* (Batal.) Iljinsk.
  - 科　　胡桃科
  - 属　　青钱柳属

- 位置　余姚市梨洲街道燕窝村东湾龙王殿
  - 经度　121.181116°E
  - 纬度　29.961291°N

- 古树等级
  三级

- 树龄
  115年

- 树高
  21米

- 胸围
  180厘米

- 平均冠幅
  11米

秃瓣杜英古树群

028140400001

主要树种为秃瓣杜英、朴树、三角槭，共有古树13株，位于余姚市兰江街道冯村村乌丹山，平均树龄200年，平均树高15.5米，平均胸围228厘米，面积0.6公顷。

余姚市兰江街道古树

枫 杨

- 学名　*Pterocarya stenoptera* C. DC.
- 科　　胡桃科
- 属　　枫杨属

- 位置　余姚市兰江街道冯村村上墙门
- 经度　121.09757778°E
- 纬度　29.98064167°N

028130400013

- 古树等级　三级
- 树龄　115年
- 树高　17.5米
- 胸围　280厘米
- 平均冠幅　13.5米

秃瓣杜英

- 学名　*Elaeocarpus glabripetalus* Merr.
- 科　　杜英科
- 属　　杜英属

- 位置　余姚市兰江街道冯村村上墙门
- 经度　121.09746944°E
- 纬度　29.98063056°N

028130400014

- 古树等级　三级
- 树龄　135年
- 树高　17米
- 胸围　180厘米
- 平均冠幅　7.5米

樟 树

028130400015

- 学名 *Cinnamomum camphora* (Linn.) Presl.
  科 樟科
  属 樟属

- 位置 余姚市兰江街道冯村村上墙门
  经度 121.09741111°E
  纬度 29.98074722°N

古树等级
三级

树龄
115年

树高
15米

胸围
200厘米

平均冠幅
12.5米

秃瓣杜英

028130400016

- 学名 *Elaeocarpus glabripetalus* Merr.
  科 杜英科
  属 杜英属

- 位置 余姚市兰江街道冯村村上墙门
  经度 121.09738889°E
  纬度 29.98105556°N

古树等级
三级

树龄
135年

树高
10米

胸围
230厘米

平均冠幅
7米

三角槭

028130400017

- 🌳 **学名** *Acer buergerianum* Miq.
  - **科** 槭树科
  - **属** 槭属

- 📍 **位置** 余姚市兰江街道冯村村上墙门48号后
  - **经度** 121.09740556°E
  - **纬度** 29.98150278°N

- 🌲 **古树等级**
  三级

- ⏳ **树龄**
  165年

- 🌳 **树高**
  19米

- ◎ **胸围**
  270厘米

- ◎ **平均冠幅**
  16.5米

臭 椿

028130400018

- 🌳 **学名** *Ailanthus altissima* (Mill.) Swingle.
  - **科** 苦木科
  - **属** 臭椿属

- 📍 **位置** 余姚市兰江街道冯村村上墙门48号后
  - **经度** 121.097375°E
  - **纬度** 29.98158611°N

- 🌲 **古树等级**
  三级

- ⏳ **树龄**
  165年

- 🌳 **树高**
  20米

- ◎ **胸围**
  260厘米

- ◎ **平均冠幅**
  13.5米

三角槭

028130400019

🌳 **学名** *Acer buergerianum* Miq.
　　科　槭树科
　　属　槭属

📍 **位置**　余姚市兰江街道冯村村冯徐弄
　　经度　121.09778889°E
　　纬度　29.98261111°N

🏷 **古树等级**
三级

⏳ **树龄**
125年

🌲 **树高**
18.5米

⭕ **胸围**
215厘米

🔘 **平均冠幅**
6米

樟 树

028130400020

🌳 **学名** *Cinnamomum camphora* (Linn.) Presl
　　科　樟科
　　属　樟属

📍 **位置**　余姚市兰江街道冯村村花墙门庙后晒场东南
　　经度　121.099989°E
　　纬度　29.983312°N

🏷 **古树等级**
三级

⏳ **树龄**
215年

🌲 **树高**
16米

⭕ **胸围**
320厘米

🔘 **平均冠幅**
20.5米

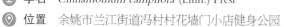

樟 树

🌀 **学名** *Cinnamomum camphora* (Linn.) Presl **科** 樟科 **属** 樟属
📍 **位置** 余姚市兰江街道冯村村花墙门小店健身公园 **经度** 121.100007°E **纬度** 29.98361°N

028130400021

🏛 **古树等级**
三级

⏳ **树龄**
215年

🌲 **树高**
16米

◎ **胸围**
325厘米

◎ **平均冠幅**
18米

糙叶树

🌀 **学名** *Aphananthe aspera* (Thunb.) Planch. **科** 榆科 **属** 糙叶树属
📍 **位置** 余姚市兰江街道冯村村下桥 **经度** 121.100732°E **纬度** 29.984487°N

028130400022

🏛 **古树等级**
三级

⏳ **树龄**
215年

🌲 **树高**
18.5米

◎ **胸围**
300厘米

◎ **平均冠幅**
15米

樟 树

🌳 **学名** *Cinnamomum camphora* (Linn.) Presl
　　科 樟科
　　属 樟属

📍 **位置** 余姚市兰江街道冯村村西翔岙
　　经度 121.09971° E
　　纬度 29.984994° N

028130400023

古树等级
三级

树龄
215年

树高
18.5米

胸围
260厘米

平均冠幅
13米

樟 树

🌳 **学名** *Cinnamomum camphora* (Linn.) Presl
　　科 樟科
　　属 樟属

📍 **位置** 余姚市兰江街道凤亭村大庙洪夹岙
　　经度 121.097328° E
　　纬度 30.001319° N

028130400024

古树等级
三级

树龄
215年

树高
19.5米

胸围
295厘米

平均冠幅
12.5米

樟 树

🌳 **学名** *Cinnamomum camphora* (Linn.) Presl **科** 樟科 **属** 樟属

📍 **位置** 余姚市兰江街道凤亭村大庙西山脚下67号 **经度** 121.097749°E **纬度** 30.005318°N

028130400025

🏛 **古树等级**
三级

⏳ **树龄**
215年

📏 **树高**
14米

🎯 **胸围**
245厘米

◎ **平均冠幅**
13.5米

银 杏

🌳 **学名** *Ginkgo biloba* Linn.
科 银杏科
属 银杏属

📍 **位置** 余姚市兰江街道筻竹村路南92号院中
经度 121.07812222°E
纬度 30.012625°N

028120400026

🏛 **古树等级**
二级

⏳ **树龄**
365年

📏 **树高**
20米

🎯 **胸围**
340厘米

◎ **平均冠幅**
8.5米

樟 树

028130400027

🌳 **学名** *Cinnamomum camphora* (Linn.) Presl
　　科 樟科
　　属 樟属

📍 **位置** 余姚市兰江街道笙竹村老机房
　　经度 121.07864167°E
　　纬度 30.01151667°N

古树等级
三级

树龄
145年

树高
18米

胸围
258厘米

平均冠幅
12.5米

樟 树

028130400028

🌳 **学名** *Cinnamomum camphora* (Linn.) Presl
　　科 樟科
　　属 樟属

📍 **位置** 余姚市兰江街道笙竹村老机房
　　经度 121.078915°E
　　纬度 30.011841°N

古树等级
三级

树龄
115年

树高
18米

胸围
205厘米

平均冠幅
14米

樟 树

- 🌳 学名　*Cinnamomum camphora* (Linn.) Presl
  科　　樟科
  属　　樟属

- 📍 位置　余姚市兰江街道笙竹村后池头笙竹岭
  　　　公交站
  经度　121.077891°E
  纬度　30.015681°N

🏛 古树等级
三级

⏳ 树龄
205年

📏 树高
9米

⊚ 胸围
380厘米

◎ 平均冠幅
7.5米

樟 树

- 🌳 学名　*Cinnamomum camphora* (Linn.) Presl　　科　樟科　　属　樟属
- 📍 位置　余姚市兰江街道夏巷村后畈村　　经度　121.067779°E　　纬度　30.036848°N

🏛 古树等级
三级

⏳ 树龄
215年

📏 树高
17米

⊚ 胸围
300厘米

◎ 平均冠幅
17.5米

余姚市兰江街道古树

皂 荚

- 学名　*Gleditsia sinensis* Lam.
- 位置　余姚市朗霞街道干家路村东干（干家路文化宫旁）

科　豆科　　属　皂荚属

经度　121.088929°E　　纬度　30.171163°N

028130500001

古树等级
三级

树龄
115年

树高
10.5米

胸围
185厘米

平均冠幅
11米

樟 树

🌳 **学名** *Cinnamomum camphora* (Linn.) Presl   **科** 樟科   **属** 樟属

📍 **位置** 余姚市朗霞街道新新村塘堰桥43号对面   **经度** 121.10073°E   **纬度** 30.167929°N

028130500002

🏷 **古树等级**
三级

⏳ **树龄**
125年

↕ **树高**
11.5米

◎ **胸围**
200厘米

◎ **平均冠幅**
11.5 米

桂花（银桂）

🌳 **学名** *Osmanthus fragrans* (Thunb.) Lour.   **科** 木犀科   **属** 木犀属

📍 **位置** 余姚市朗霞街道新新村泥堰徐家   **经度** 121.110726 °E   **纬度** 30.160121°N

028130500003

🏷 **古树等级**
三级

⏳ **树龄**
245年

↕ **树高**
3.5米

◎ **胸围**
70厘米

◎ **平均冠幅**
4米

樟 树

- 学名　*Cinnamomum camphora* (Linn.) Presl
- 科　　樟科
- 属　　樟属

- 位置　余姚市低塘街道郑巷村明峰水泥厂
  - 经度　121.156144°E
  - 纬度　30.13333°N

028120600001

- 古树等级　二级
- 树龄　415年
- 树高　18米
- 胸围　300厘米
- 平均冠幅　7米

樟 树

- 学名　*Cinnamomum camphora* (Linn.) Presl
- 科　　樟科
- 属　　樟属

- 位置　余姚市低塘街道郑巷村明峰水泥厂
  - 经度　121.156122°E
  - 纬度　30.133469°N

028120600002

- 古树等级　二级
- 树龄　415年
- 树高　18米
- 胸围　350厘米
- 平均冠幅　7.5米

樟 树

028120600003

- 学名　*Cinnamomum camphora* (Linn.) Presl
  科　　樟科
  属　　樟属

- 位置　余姚市低塘街道郑巷村明峰水泥厂
  经度　121.15615°E
  纬度　30.13368333°N

- 古树等级
  二级

- 树龄
  415年

- 树高
  19米

- 胸围
  330厘米

- 平均冠幅
  9米

樟 树

028120600004

- 学名　*Cinnamomum camphora* (Linn.) Presl
  科　　樟科
  属　　樟属

- 位置　余姚市低塘街道郑巷村明峰水泥厂
  经度　121.1561°E
  纬度　30.13368889°N

- 古树等级
  二级

- 树龄
  415年

- 树高
  19米

- 胸围
  340厘米

- 平均冠幅
  13.5米

樟 树

🌳 学名	*Cinnamomum camphora* (Linn.) Presl	科	樟科	属	樟属
📍 位置	余姚市低塘街道郑巷村明峰水泥厂	经度	121.15525556°E	纬度	30.13378889°N

028120600005

古树等级
二级

树龄
415年

树高
20米

胸围
425厘米

平均冠幅
19.5米

樟 树

🌳 学名	*Cinnamomum camphora* (Linn.) Presl	科	樟科	属	樟属
📍 位置	余姚市低塘街道郑巷村明峰水泥厂	经度	121.15538889°E	纬度	30.13378889°N

028120600006

古树等级
二级

树龄
415年

树高
20米

胸围
420厘米

平均冠幅
19米

樟 树

🌳 学名	*Cinnamomum camphora* (Linn.) Presl	科	樟科	属	樟属	
📍 位置	余姚市临山镇临南村前梨巷37号后	经度	120.993268°E	纬度	30.126584°N	028130700001

📖 古树等级
三级

⏳ 树龄
265年

🔄 树高
13米

⚙ 胸围
315厘米

📏 平均冠幅
12米

樟 树

🌳 学名	*Cinnamomum camphora* (Linn.) Presl	科	樟科	属	樟属	
📍 位置	余姚市临山镇临南村水木庄	经度	121.015713°E	纬度	30.129885°N	028130700002

📖 古树等级
三级

⏳ 树龄
250年

🔄 树高
18米

⚙ 胸围
350厘米

📏 平均冠幅
19米

银 杏

🌳 **学名** *Ginkgo biloba* Linn.　　**科** 银杏科　　**属** 银杏属

📍 **位置** 余姚市泗门镇后塘河村河瞠路古塘公园　　**经度** 121.036053°E　　**纬度** 30.172076°N

028130800001

🏛 **古树等级** 三级

⏳ **树龄** 115年

📏 **树高** 9.5米

◎ **胸围** 190厘米

◎ **平均冠幅** 9米

银 杏

🌳 **学名** *Ginkgo biloba* Linn.

　科 银杏科

　属 银杏属

📍 **位置** 余姚市泗门镇后塘河村东道路2弄16号前

　经度 121.043108°E

　纬度 30.167528°N

028120800002

🏛 **古树等级** 二级

⏳ **树龄** 315年

📏 **树高** 26米

◎ **胸围** 320厘米

◎ **平均冠幅** 10.5米

紫 薇

028130800003

学名　*Lagerstroemia indica* Linn.
科　　千屈菜科
属　　紫薇属

位置　余姚市泗门镇水阁周村槐房后路22号
经度　121.054218°E
纬度　30.169128°N

古树等级
三级

树龄
165年

树高
4.5米

胸围
60厘米

平均冠幅
2米

朴 树

028130800004

学名　*Celtis sinensis* Pers.　　科　榆科　　属　朴属
位置　余姚市泗门镇大庙周村皇封桥　　经度　121.05483333°E　　纬度　30.15950833°N

古树等级
三级

树龄
115年

树高
9.5米

胸围
160厘米

平均冠幅
7.5米

银 杏

🌳 **学名** *Ginkgo biloba* Linn.
　科　银杏科
　属　银杏属

📍 **位置**　余姚市泗门镇小路下村公园
　经度　121.006791°E
　纬度　30.180793°N

古树等级
三级

树龄
150年

树高
10米

胸围
215厘米

平均冠幅
5.5米

银 杏

028130800006

🌳 **学名** *Ginkgo biloba* Linn.
　科　银杏科
　属　银杏属

📍 **位置**　余姚市泗门镇小路下村公园
　经度　121.006328°E
　纬度　30.180626°N

古树等级
三级

树龄
150年

树高
10.5米

胸围
185厘米

平均冠幅
7米

朴 树

- 学名 *Celtis sinensis* Pers.
- 位置 余姚市泗门镇陶家路村四丘

科　榆科　　　属　朴属

经度　121.034051°E　　纬度　30.208868°N

028130800007

古树等级
三级

树龄
130年

树高
11米

胸围
190厘米

平均冠幅
11.5米

枣

- 学名 *Ziziphus jujuba* Mill.
- 位置 余姚市泗门镇陶家路村四丘

科　鼠李科　　　属　枣属

经度　121.034072°E　　纬度　30.208448°N

028130800008

古树等级
三级

树龄
150年

树高
9米

胸围
120厘米

平均冠幅
5.5米

樟 树

学名　*Cinnamomum camphora* (Linn.) Presl　　科　樟科　　属　樟属

位置　余姚市马渚镇开元村南张102号　　经度　121.06910556°E　　纬度　30.11144444°N

028120900001

古树等级
二级

树龄
305年

树高
13米

胸围
410厘米

平均冠幅
20米

樟 树

学名　*Cinnamomum camphora* (Linn.) Presl　　科　樟科　　属　樟属

位置　余姚市马渚镇庙前村小施巷　　经度　121.059868°E　　纬度　30.073485°N

028120900002

古树等级
二级

树龄
305年

树高
14米

胸围
590厘米

平均冠幅
21米

枫 香

🌳 **学名** *Liquidambar formosana* Hance　　　**科** 金缕梅科　　**属** 枫香树属

📍 **位置** 余姚市马渚镇四联村杨歧岙　　**经度** 121.023475°E　　**纬度** 30.023018°N

028130900003

📖 **古树等级** 三级

⏳ **树龄** 205年

🌲 **树高** 11米

◎ **胸围** 211厘米

◎ **平均冠幅** 8米

樟 树

🌳 **学名** *Cinnamomum camphora* (Linn.) Presl

科 樟科

属 樟属

📍 **位置** 余姚市马渚镇开元村南张

经度 121.069945°E

纬度 30.112463°N

D028130900004

📖 **古树等级** 三级

⏳ **树龄** 155年

🌲 **树高** 0米

◎ **胸围** 0厘米

◎ **平均冠幅** 0米

注：特指图中左边樟树。

樟 树

学名 *Cinnamomum camphora* (Linn.) Presl　　**科** 樟科　　**属** 樟属

位置 余姚市马渚镇马槽头村后槽斗　　**经度** 121.082389°E　　**纬度** 30.072717°N

028130900005

古树等级
三级

树龄
155年

树高
14米

胸围
330厘米

平均冠幅
14米

樟 树

学名 *Cinnamomum camphora* (Linn.) Presl　　**科** 樟科　　**属** 樟属

位置 余姚市马渚镇长冷江村后魏101号旁　　**经度** 121.06774722°E　　**纬度** 30.09688056°N

028130900006

古树等级
三级

树龄
105年

树高
12米

胸围
200厘米

平均冠幅
14米

樟 树

028130900007

学名	*Cinnamomum camphora* (Linn.) Presl	科	樟科	属	樟属
位置	余姚市马渚镇长冷江村后魏99号北侧	经度	121.068942°E	纬度	30.098141°N

古树等级
三级

树龄
205年

树高
16米

胸围
325厘米

平均冠幅
11.5米

樟 树

D028130900008

学名　*Cinnamomum camphora* (Linn.) Presl
科　樟科
属　樟属

位置　余姚市马渚镇开元村南张
经度　121.069894°E
纬度　30.11242°N

古树等级
三级

树龄
105年

树高
13米

胸围
190厘米

平均冠幅
0米

注：特指图中右边樟树。

余姚市马渚镇古树

樟 树

学名	*Cinnamomum camphora* (Linn.) Presl	科	樟科	属	樟属
位置	余姚市马渚镇全佳桥村前章巷25号	经度	121.034161°E	纬度	30.131498°N

028130900009

古树等级
三级

树龄
115年

树高
11米

胸围
300厘米

平均冠幅
13.5米

樟 树

学名	*Cinnamomum camphora* (Linn.) Presl	科	樟科	属	樟属
位置	余姚市马渚镇全佳桥村久盛机械厂	经度	121.028912°E	纬度	30.128223°N

028130900010

古树等级
三级

树龄
105年

树高
15米

胸围
300厘米

平均冠幅
13.5米

樟 树

🌳 学名　*Cinnamomum camphora* (Linn.) Presl　　科　樟科　　　属　樟属

📍 位置　余姚市马渚镇沿山村滑陌仁路滑家桥　　经度　121.026379°E　　纬度　30.118688°N

📖 古树等级
三级

⏳ 树龄
150年

🔁 树高
13米

⚖ 胸围
310厘米

◎ 平均冠幅
18米

樟 树

🌳 学名　*Cinnamomum camphora* (Linn.) Presl　　科　樟科　　　属　樟属

📍 位置　余姚市马渚镇沿山村横宣西路　　经度　121.013224°E　　纬度　30.111435°N

📖 古树等级
三级

⏳ 树龄
105年

🔁 树高
10米

⚖ 胸围
250厘米

◎ 平均冠幅
10米

樟 树

028130900013

🌳 **学名** *Cinnamomum camphora* (Linn.) Presl   **科** 樟科   **属** 樟属

📍 **位置** 余姚市马渚镇渚山村罗大峇圆井西区21号门口   **经度** 121.029271°E   **纬度** 30.068282°N

🏷 **古树等级**
三级

⌛ **树龄**
105年

📏 **树高**
15.5米

◎ **胸围**
250厘米

◎ **平均冠幅**
15.5米

朴 树

028130900014

🌳 **学名** *Celtis sinensis* Pers.   **科** 榆科   **属** 朴属

📍 **位置** 余姚市马渚镇斗门村求实小学   **经度** 121.080219°E   **纬度** 30.062093°N

🏷 **古树等级**
三级

⌛ **树龄**
105年

📏 **树高**
13米

◎ **胸围**
208厘米

◎ **平均冠幅**
11.5米

樟 树

028130900015

学名	*Cinnamomum camphora* (Linn.) Presl
位置	余姚市马渚镇云楼村藏墅湖

科 　樟科　　　属 　樟属

经度　121.035463°E　　纬度　30.037154°N

古树等级
三级

树龄
100年

树高
12米

胸围
278厘米

平均冠幅
16.5米

樟 树

028130900016

学名	*Cinnamomum camphora* (Linn.) Presl
位置	余姚市马渚镇云楼村藏墅湖

科 　樟科　　　属 　樟属

经度　121.0354°E　　纬度　30.036172°N

古树等级
三级

树龄
100年

树高
12.5米

胸围
255厘米

平均冠幅
17米

樟 树

🌐 学名	*Cinnamomum camphora* (Linn.) Presl	科	樟科	属	樟属	
📍 位置	余姚市马渚镇云楼村藏墅湖	经度	121.035385°E	纬度	30.036064°N	028130900017

余姚市马渚镇古树

古树等级
三级

树龄
100年

树高
12.5米

胸围
195厘米

平均冠幅
13.5米

042

樟 树

学名　*Cinnamomum camphora* (Linn.) Presl　　　科　樟科　　　属　樟属

位置　余姚市马渚镇云楼村藏墅湖　　经度　121.035379°E　　纬度　30.035971°N

028130900018

古树等级
三级

树龄
100年

树高
12.5米

胸围
215厘米

平均冠幅
13.5米

樟 树

学名　*Cinnamomum camphora* (Linn.) Presl　　　科　樟科　　　属　樟属

位置　余姚市马渚镇云楼村藏墅湖　　经度　121.035363°E　　纬度　30.035895°N

028130900019

古树等级
三级

树龄
100年

树高
12米

胸围
295厘米

平均冠幅
14米

余姚市马渚镇古树

樟 树

- 学名　*Cinnamomum camphora* (Linn.) Presl
- 科　　樟科
- 属　　樟属

- 位置　余姚市牟山镇湖山村姜山美女池
- 经度　121.010664°E
- 纬度　30.03325°N

古树等级
三级

树龄
115年

树高
9米

胸围
190厘米

平均冠幅
9.45米

朴 树

- 学名　*Celtis sinensis* Pers.
- 位置　余姚市牟山镇湖山村姜山美女池

科　榆科　　属　朴属
经度　121.010598°E　　纬度　30.033156°N

古树等级
三级

树龄
215年

树高
17米

胸围
380厘米

平均冠幅
19米

樟 树

🌳 学名　*Cinnamomum camphora* (Linn.) Presl
　　科　　樟科
　　属　　樟属

📍 位置　余姚市牟山镇湖山村姜山美女池
　　经度　121.010678°E
　　纬度　30.033065°N

028131000003

📖 古树等级
三级

⏳ 树龄
115年

🔁 树高
18米

◎ 胸围
255厘米

◎ 平均冠幅
15.45米

樟 树

🌳 学名　*Cinnamomum camphora* (Linn.) Presl　　　科　　樟科　　　属　　樟属
📍 位置　余姚市牟山镇湖山村姜山美女池　　　经度　121.010418°E　　　纬度　30.033166°N

028131000004

📖 古树等级
三级

⏳ 树龄
115年

🔁 树高
7米

◎ 胸围
160厘米

◎ 平均冠幅
12.45米

樟 树

028131000005

- 🌳 **学名** *Cinnamomum camphora* (Linn.) Presl
  - **科** 樟科
  - **属** 樟属

- 📍 **位置** 余姚市牟山镇湖山村姜山美女池
  - **经度** 121.010789°E
  - **纬度** 30.033378°N

📋 **古树等级**
三级

⏳ **树龄**
125年

↕ **树高**
12米

◎ **胸围**
470厘米

◉ **平均冠幅**
10米

樟 树

028131000006

- 🌳 **学名** *Cinnamomum camphora* (Linn.) Presl
  - **科** 樟科
  - **属** 樟属

- 📍 **位置** 余姚市牟山镇湖山村姜山美女池
  - **经度** 121.010741°E
  - **纬度** 30.033495°N

📋 **古树等级**
三级

⏳ **树龄**
175年

↕ **树高**
14米

◎ **胸围**
260厘米

◉ **平均冠幅**
17.15米

樟 树

学名 *Cinnamomum camphora* (Linn.) Presl
科 樟科
属 樟属

位置 余姚市牟山镇湖山村姜山美女池
经度 121.010319° E
纬度 30.033514° N

028131000007

古树等级
三级

树龄
250年

树高
18米

胸围
350厘米

平均冠幅
16.2米

樟 树

学名 *Cinnamomum camphora* (Linn.) Presl
科 樟科
属 樟属

位置 余姚市牟山镇湖山村姜山美女池
经度 121.010386° E
纬度 30.033733° N

028111000008

古树等级
一级

树龄
515年

树高
23米

胸围
640厘米

平均冠幅
19.1米

余姚市牟山镇古树

樟 树

028131000009

学名 *Cinnamomum camphora* (Linn.) Presl
科 樟科
属 樟属

位置 余姚市牟山镇湖山村姜山美女池
经度 121.011243°E
纬度 30.034409°N

古树等级
三级

树龄
230年

树高
20米

胸围
330厘米

平均冠幅
16.3米

樟 树

028131000010

学名 *Cinnamomum camphora* (Linn.) Presl
科 樟科
属 樟属

位置 余姚市牟山镇湖山村姜山美女池
经度 121.011068°E
纬度 30.034582°N

古树等级
三级

树龄
260年

树高
21.5米

胸围
360厘米

平均冠幅
21.1米

杨 梅

🌳 学名　*Myrica rubra* (Lour.) Sieb. et Zucc.　　科　杨梅科　　属　杨梅属

📍 位置　余姚市牟山镇湖山村西湖岙　　经度　120.99423333° E　　纬度　30.03715° N

028131000011

🏛 古树等级
三级

⏳ 树龄
115年

🔀 树高
13米

◎ 胸围
295厘米

◎ 平均冠幅
11.4米

樟 树

🌳 学名　*Cinnamomum camphora* (Linn.) Presl

科　樟科

属　樟属

📍 位置　余姚市牟山镇湖山村西湖岙

经度　120.99174° E

纬度　30.038007° N

028131000012

🏛 古树等级
三级

⏳ 树龄
115年

🔀 树高
10米

◎ 胸围
250厘米

◎ 平均冠幅
6米

樟 树

🌿 学名 *Cinnamomum camphora* (Linn.) Presl
科 樟科
属 樟属

📍 位置 余姚市牟山镇湖山村西湖岙
经度 120.992066°E
纬度 30.038448°N

古树等级
三级

树龄
115年

树高
18.5米

胸围
245厘米

平均冠幅
13.5米

樟 树

🌿 学名 *Cinnamomum camphora* (Linn.) Presl
科 樟科
属 樟属

📍 位置 余姚市牟山镇湖山村西湖岙
经度 120.992527°E
纬度 30.03817°N

古树等级
三级

树龄
105年

树高
19.5米

胸围
190厘米

平均冠幅
11.5米

樟 树

学名　*Cinnamomum camphora* (Linn.) Presl
科　　樟科
属　　樟属

位置　余姚市牟山镇湖山村西湖岙
经度　120.992512°E
纬度　30.038533°N

古树等级
三级

树龄
115年

树高
21.5米

胸围
220厘米

平均冠幅
11.5米

樟 树

学名　*Cinnamomum camphora* (Linn.) Presl
科　　樟科
属　　樟属

位置　余姚市牟山镇湖山村西湖岙
经度　120.992703°E
纬度　30.03873°N

古树等级
三级

树龄
115年

树高
17米

胸围
210厘米

平均冠幅
10.5米

樟 树

028131000017

🌳 **学名** *Cinnamomum camphora* (Linn.) Presl
　　科 樟科
　　属 樟属

📍 **位置** 余姚市牟山镇湖山村西湖岙
　　经度 120.992886°E
　　纬度 30.038909°N

🏷 **古树等级**
三级

⏳ **树龄**
115年

🌲 **树高**
11.5米

🌀 **胸围**
200厘米

🌳 **平均冠幅**
6米

樟 树

028131000018

🌳 **学名** *Cinnamomum camphora* (Linn.) Presl
　　科 樟科
　　属 樟属

📍 **位置** 余姚市牟山镇湖山村西湖岙
　　经度 120.992841°E
　　纬度 30.038919°N

🏷 **古树等级**
三级

⏳ **树龄**
115年

🌲 **树高**
11.5米

🌀 **胸围**
220厘米

🌳 **平均冠幅**
4.5米

樟 树

028131000019

- 🌳 **学名** *Cinnamomum camphora* (Linn.) Presl
- **科** 樟科
- **属** 樟属

- 📍 **位置** 余姚市牟山镇湖山村西湖岙
- **经度** 120.996346°E
- **纬度** 30.037741°N

- 📋 **古树等级** 三级
- ⏳ **树龄** 215年
- 📏 **树高** 19米
- ⊙ **胸围** 245厘米
- ◎ **平均冠幅** 16.5米

樟 树

028131000020

- 🌳 **学名** *Cinnamomum camphora* (Linn.) Presl
- **科** 樟科
- **属** 樟属

- 📍 **位置** 余姚市牟山镇湖山村西湖岙
- **经度** 120.996298°E
- **纬度** 30.037715°N

- **古树等级** 三级
- ⏳ **树龄** 215年
- ⊙ **树高** 16米
- ◎ **胸围** 200厘米
- ◎ **平均冠幅** 18米

樟 树

学名　*Cinnamomum camphora* (Linn.) Presl
位置　余姚市牟山镇湖山村西湖岙

科　樟科　　　属　樟属
经度　120.995238°E　　纬度　30.037685°N

028131000021

古树等级
三级

树龄
215年

树高
18米

胸围
240厘米

平均冠幅
16米

樟 树

学名　*Cinnamomum camphora* (Linn.) Presl
科　樟科
属　樟属

位置　余姚市牟山镇湖山村西湖岙
经度　120.988765°E
纬度　30.053717°N

028111000022

古树等级
一级

树龄
515年

树高
15.5米

胸围
770厘米

平均冠幅
14.5米

樟 树

028131000023

🌱 学名	*Cinnamomum camphora* (Linn.) Presl	科	樟科	属	樟属
📍 位置	余姚市牟山镇湖山村姜山美女池	经度	121.010133°E	纬度	30.032868°N

📋 古树等级
三级

⏳ 树龄
115年

📏 树高
10米

◎ 胸围
200厘米

◎ 平均冠幅
11米

樟 树

028131000024

🌱 学名　*Cinnamomum camphora* (Linn.) Presl
　　科　　樟科
　　属　　樟属

📍 位置　余姚市牟山镇湖山村姜山美女池
　　经度　121.010167°E
　　纬度　30.033066°N

📋 古树等级
三级

⏳ 树龄
100年

📏 树高
10.5米

◎ 胸围
160厘米

◎ 平均冠幅
14米

樟 树

028131000025

🌳 **学名** *Cinnamomum camphora* (Linn.) Presl
科 樟科
属 樟属

📍 **位置** 余姚市牟山镇湖山村西湖岙
经度 120.991912°E
纬度 30.03822°N

📖 **古树等级**
三级

⏳ **树龄**
150年

📏 **树高**
17.5米

🌀 **胸围**
314厘米

🌳 **平均冠幅**
11米

樟 树

028131000026

🌳 **学名** *Cinnamomum camphora* (Linn.) Presl
科 樟科
属 樟属

📍 **位置** 余姚市牟山镇湖山村西湖岙
经度 120.99232778°E
纬度 30.03820278°N

📖 **古树等级**
三级

⏳ **树龄**
100年

📏 **树高**
18米

🌀 **胸围**
190厘米

🌳 **平均冠幅**
8.5米

枫 香

028131100001

- 学名　*Liquidambar formosana* Hance
- 科　　金缕梅科
- 属　　枫香树属

- 位置　余姚市丈亭镇凤东村南华院无量殿
- 经度　121.310002°E
- 纬度　30.045452°N

古树等级
三级

树龄
215年

树高
20米

胸围
320厘米

平均冠幅
17米

樟 树

028131100002

- 学名　*Cinnamomum camphora* (Linn.) Presl
- 位置　余姚市丈亭镇渔溪村傅庄

科　樟科　　　属　樟属
经度　121.29637222°E　　纬度　30.03553333°N

古树等级
三级

树龄
125年

树高
12.5米

胸围
225厘米

平均冠幅
19.5米

余姚市丈亭镇古树

057

樟 树

028111100003

- 学名　*Cinnamomum camphora* (Linn.) Presl
  - 科　　樟科
  - 属　　樟属

- 位置　余姚市丈亭镇寺前王村朱家车59号旁
  - 经度　121.29055°E
  - 纬度　30.055111°N

古树等级
一级

树龄
515年

树高
23米

胸围
620厘米

平均冠幅
23.5米

朴 树

028131100004

- 学名　*Celtis sinensis* Pers.
  - 科　　榆科
  - 属　　朴属

- 位置　余姚市丈亭镇梅溪村舒郎岗
  - 经度　121.26386389°E
  - 纬度　30.06181111°N

古树等级
三级

树龄
215年

树高
14米

胸围
310厘米

平均冠幅
13米

朴 树

028121100005

🌱 **学名** *Celtis sinensis* Pers.
　科　榆科
　属　朴属

📍 **位置**　余姚市丈亭镇梅溪村舒郎岗
　经度　121.264181°E
　纬度　30.062987°N

古树等级
二级

树龄
315年

树高
21米

胸围
320厘米

平均冠幅
13米

樟 树

028111100006

🌱 **学名** *Cinnamomum camphora* (Linn.) Presl
　科　樟科
　属　樟属

📍 **位置**　余姚市丈亭镇梅溪村舒郎岗
　经度　121.264065°E
　纬度　30.062952°N

古树等级
一级

树龄
515年

树高
19米

胸围
510厘米

平均冠幅
15.5米

樟 树

028131100007

🌳 **学名** *Cinnamomum camphora* (Linn.) Presl
科 樟科
属 樟属

📍 **位置** 余姚市丈亭镇梅溪村舒郎岗
经度 121.264257°E
纬度 30.06281°N

古树等级
三级

树龄
115年

树高
20米

胸围
210厘米

平均冠幅
15米

樟 树

028131100008

🌳 **学名** *Cinnamomum camphora* (Linn.) Presl
科 樟科
属 樟属

📍 **位置** 余姚市丈亭镇梅溪村杨家岙
经度 121.233269°E
纬度 30.06831°N

古树等级
三级

树龄
165年

树高
26.5米

胸围
295厘米

平均冠幅
18米

枫 香

028121100009

- 学名　*Liquidambar formosana* Hance
  - 科　　金缕梅科
  - 属　　枫香树属

- 位置　余姚市丈亭镇梅溪村杨家岙
  - 经度　121.235469°E
  - 纬度　30.067637°N

古树等级
二级

树龄
315年

树高
26.5米

胸围
450厘米

平均冠幅
18.5米

麻 栎

028131100010

- 学名　*Quercus acutissima* Carr.
  - 科　　壳斗科
  - 属　　栎属

- 位置　余姚市丈亭镇梅溪村南岙
  - 经度　121.274198°E
  - 纬度　30.064737°N

古树等级
三级

树龄
125年

树高
22米

胸围
230厘米

平均冠幅
16.5米

余姚市丈亭镇古树

枫 香

028131100011

- 学名　*Liquidambar formosana* Hance
- 科　　金缕梅科
- 属　　枫香树属

- 位置　余姚市丈亭镇梅溪村南岙
- 经度　121.269377°E
- 纬度　30.064321°N

古树等级
三级

树龄
165年

树高
18米

胸围
270厘米

平均冠幅
12米

樟 树

028131100012

- 学名　*Cinnamomum camphora* (Linn.) Presl
- 科　　樟科
- 属　　樟属

- 位置　余姚市丈亭镇寺前王村张孙里岙
- 经度　121.280606°E
- 纬度　30.069119°N

古树等级
三级

树龄
115年

树高
19米

胸围
315厘米

平均冠幅
18.5米

樟 树

028131100013

- 学名 *Cinnamomum camphora* (Linn.) Presl
- 科 樟科
- 属 樟属

- 位置 余姚市丈亭镇汇头村东岙
  （汇头村东岙A区16号门前）
- 经度 121.270528°E
- 纬度 30.047462°N

古树等级
三级

树龄
115年

树高
10米

胸围
270厘米

平均冠幅
11米

黄 檀

028131100014

- 学名 *Dalbergia hupeana* Hance
- 科 豆科
- 属 黄檀属

- 位置 余姚市丈亭镇渔溪村余姚三中
- 经度 121.286496°E
- 纬度 30.021942°N

古树等级
三级

树龄
155年

树高
11米

胸围
250厘米

平均冠幅
8米

樟 树

028131100015

🌳 **学名** *Cinnamomum camphora* (Linn.) Presl 　　**科** 樟科　　　**属** 樟属

📍 **位置** 余姚市丈亭镇渔溪村余姚三中　　**经度** 121.28666944°E　　**纬度** 30.02225556°N

📋 **古树等级**
三级

⏳ **树龄**
135年

🔧 **树高**
15米

◎ **胸围**
240厘米

◎ **平均冠幅**
16米

樟 树

028131100016

🌳 **学名** *Cinnamomum camphora* (Linn.) Presl 　　**科** 樟科　　　**属** 樟属

📍 **位置** 余姚市丈亭镇渔溪村余姚三中　　**经度** 121.286812°E　　**纬度** 30.022354°N

📋 **古树等级**
三级

⏳ **树龄**
115年

🔧 **树高**
16.5米

◎ **胸围**
280厘米

◎ **平均冠幅**
15.5米

樟 树

028131100017

🌳 学名　*Cinnamomum camphora* (Linn.) Presl　　　科　樟科　　　属　樟属
📍 位置　余姚市丈亭镇渔溪村余姚三中　　　经度　121.286489°E　　　纬度　30.022146°N

📋 古树等级
三级

⏳ 树龄
135年

🌲 树高
14.5米

🌀 胸围
195厘米

🌳 平均冠幅
16.5米

枫 杨

028131100018

🌳 学名　*Pterocarya stenoptera* C. DC.　　　科　胡桃科　　　属　枫杨属
📍 位置　余姚市丈亭镇寺前王村朱家车　　　经度　121.290381°E　　　纬度　30.05426°N

📋 古树等级
三级

⏳ 树龄
120年

🌲 树高
18.5米

🌀 胸围
340厘米

🌳 平均冠幅
19米

银 杏

028111200001

学名	*Ginkgo biloba* Linn.
位置	余姚市梁弄镇让贤村钱库岭岭中

科	银杏科	属	银杏属
经度	121.084386°E	纬度	29.851142°N

古树等级
一级

树龄
515年

树高
20米

胸围
330厘米

平均冠幅
15米

银 杏

028111200002

学名　*Ginkgo biloba* Linn.
科　　银杏科
属　　银杏属

位置　余姚市梁弄镇让贤村钱库岭岭中
经度　121.08633889°E
纬度　29.85154167°N

古树等级
一级

树龄
515年

树高
32米

胸围
560厘米

平均冠幅
14.5米

银 杏

学名	*Ginkgo biloba* Linn.	科	银杏科	属	银杏属
位置	余姚市梁弄镇让贤村钱库岭岭头花海小溪边	经度	121.088444°E	纬度	29.851798°N

028131200003

古树等级
三级

树龄
215年

树高
17米

胸围
340厘米

平均冠幅
13.5米

樟 树

学名　*Cinnamomum camphora* (Linn.) Presl

科　樟科

属　樟属

位置　余姚市梁弄镇让贤村观塘

经度　121.081992°E

纬度　29.869587°N

028131200004

古树等级
三级

树龄
115年

树高
22米

胸围
235厘米

平均冠幅
5米

银 杏

028131200005

🌳 **学名** *Ginkgo biloba* Linn.
　　科　　银杏科
　　属　　银杏属

📍 **位置**　余姚市梁弄镇让贤村观塘
　　经度　121.081894°E
　　纬度　29.869341°N

📕 **古树等级**
三级

⏳ **树龄**
115年

📏 **树高**
25米

◎ **胸围**
260厘米

◎ **平均冠幅**
11.5米

银 杏

028131200006

🌳 **学名** *Ginkgo biloba* Linn.
　　科　　银杏科
　　属　　银杏属

📍 **位置**　余姚市梁弄镇让贤村杨家山
　　经度　121.086198°E
　　纬度　29.864651°N

📕 **古树等级**
三级

⏳ **树龄**
115年

📏 **树高**
25米

◎ **胸围**
300厘米

◎ **平均冠幅**
11.5米

樟 树

028131200007

学名	*Cinnamomum camphora* (Linn.) Presl	科	樟科	属	樟属
位置	余姚市梁弄镇横坎头村紫溪66号前	经度	121.08087222°E	纬度	29.876725°N

古树等级
三级

树龄
215年

树高
18米

胸围
385厘米

平均冠幅
21米

樟 树

028131200008

学名　*Cinnamomum camphora* (Linn.) Presl
科　　樟科
属　　樟属

位置　余姚市梁弄镇横坎头村紫溪后山山腰
经度　121.081775°E
纬度　29.877122°N

古树等级
三级

树龄
195年

树高
16米

胸围
340厘米

平均冠幅
14米

枫 杨

028131200009

🌳 **学名** *Pterocarya stenoptera* C. DC.　　　**科** 胡桃科　　**属** 枫杨属
📍 **位置** 余姚市梁弄镇白水冲村道士山　　**经度** 121.098718°E　　**纬度** 29.874809°N

📋 **古树等级**
三级

🎖 **树龄**
195年

🌲 **树高**
20米

◎ **胸围**
315厘米

◎ **平均冠幅**
20米

枫 杨

028131200010

🌳 **学名** *Pterocarya stenoptera* C. DC.
　　科 胡桃科
　　属 枫杨属

📍 **位置** 余姚市梁弄镇白水冲村道士山
　　（溪边鸡舍旁）
　　经度 121.09917222°E
　　纬度 29.87498889°N

📋 **古树等级**
三级

🎖 **树龄**
215年

🌲 **树高**
20米

◎ **胸围**
335厘米

◎ **平均冠幅**
25米

枫 香

028131200011

🌱 学名	*Liquidambar formosana* Hance	科	金缕梅科	属	枫香树属
📍 位置	余姚市梁弄镇白水冲村道士山	经度	121.095661°E	纬度	29.87562°N

古树等级
三级

树龄
115年

树高
20米

胸围
235厘米

平均冠幅
13米

樟 树

028131200012

🌱 学名	*Cinnamomum camphora* (Linn.) Presl	科	樟科	属	樟属
📍 位置	余姚市梁弄镇东溪村斤岭下	经度	121.10465556°E	纬度	29.89989444°N

古树等级
三级

树龄
165年

树高
14米

胸围
270厘米

平均冠幅
13.5米

樟 树

028121200013

学名 *Cinnamomum camphora* (Linn.) Presl　　**科** 樟科　　**属** 樟属

位置 余姚市梁弄镇东溪村斤岭下　　**经度** 121.10473056°E　　**纬度** 29.89999167°N

古树等级 二级

树龄 415年

树高 20米

胸围 880厘米

平均冠幅 24.5米

枫 杨

028131200015

学名 *Pterocarya stenoptera* C. DC.　　**科** 胡桃科　　**属** 枫杨属

位置 余姚市梁弄镇东溪村斤岭下　　**经度** 121.105516°E　　**纬度** 29.89951°N

古树等级 三级

树龄 215年

树高 11米

胸围 250厘米

平均冠幅 12.5米

枫 杨

028131200016

学名	*Pterocarya stenoptera* C. DC.	科	胡桃科	属	枫杨属
位置	余姚市梁弄镇东溪村斤岭下	经度	121.103445°E	纬度	29.901473°N

古树等级
三级

树龄
215年

树高
14米

胸围
250厘米

平均冠幅
17米

枫 杨

028131200017

学名	*Pterocarya stenoptera* C. DC.	科	胡桃科	属	枫杨属
位置	余姚市梁弄镇东溪村斤岭下7号门前	经度	121.103958°E	纬度	29.900903°N

古树等级
三级

树龄
215年

树高
9米

胸围
250厘米

平均冠幅
12米

枫 杨

028131200018

🌳 **学名** *Pterocarya stenoptera* C. DC.   **科** 胡桃科   **属** 枫杨属

📍 **位置** 余姚市梁弄镇东溪村金字岙86号溪对面   **经度** 121.090764°E   **纬度** 29.911433°N

🏛 **古树等级**
三级

⏳ **树龄**
115年

⚙ **树高**
12米

◎ **胸围**
340厘米

◎ **平均冠幅**
16.5米

银 杏

028131200019

🌳 **学名** *Ginkgo biloba* Linn.
   科 银杏科
   属 银杏属

📍 **位置** 余姚市梁弄镇贺溪村埭头
   经度 121.045303°E
   纬度 29.912147°N

🏛 **古树等级**
三级

⏳ **树龄**
215年

⚙ **树高**
22米

◎ **胸围**
290厘米

◎ **平均冠幅**
12.5米

枫 香

028131200020

- 🌳 **学名** *Liquidambar formosana* Hance
  - **科** 金缕梅科
  - **属** 枫香树属

- 📍 **位置** 余姚市梁弄镇贺溪村建隆村口
  - **经度** 121.03012222° E
  - **纬度** 29.90470556° N

- 📖 **古树等级** 三级
- ⏳ **树龄** 165年
- 🔗 **树高** 17米
- ◎ **胸围** 230厘米
- ◎ **平均冠幅** 11米

枫 香

028131200021

- 🌳 **学名** *Liquidambar formosana* Hance
  - **科** 金缕梅科
  - **属** 枫香树属

- 📍 **位置** 余姚市梁弄镇贺溪村建隆村口
  - **经度** 121.03013611° E
  - **纬度** 29.90467222° N

- 📖 **古树等级** 三级
- ⏳ **树龄** 165年
- 🔗 **树高** 20米
- ◎ **胸围** 295厘米
- ◎ **平均冠幅** 13.5米

枫 香

028131200022

- 学名 *Liquidambar formosana* Hance
  科 金缕梅科
  属 枫香树属

- 位置 余姚市梁弄镇贺溪村建隆村口
  经度 121.030393°E
  纬度 29.904466°N

古树等级
三级

树龄
115年

树高
19米

胸围
190厘米

平均冠幅
11米

枫 香

028131200023

- 学名 *Liquidambar formosana* Hance
  科 金缕梅科
  属 枫香树属

- 位置 余姚市梁弄镇贺溪村建隆村口
  经度 121.030494°E
  纬度 29.90442°N

古树等级
三级

树龄
165年

树高
20米

胸围
220厘米

平均冠幅
10米

银 杏

028131200024

- **学名** *Ginkgo biloba* Linn.
  - **科** 银杏科
  - **属** 银杏属

- **位置** 余姚市梁弄镇贺溪村建隆
  - **经度** 121.027037°E
  - **纬度** 29.904342°N

- **古树等级** 三级
- **树龄** 115年
- **树高** 19米
- **胸围** 230厘米
- **平均冠幅** 8米

银 杏

028131200025

- **学名** *Ginkgo biloba* Linn.
  - **科** 银杏科
  - **属** 银杏属

- **位置** 余姚市梁弄镇东山村蔡家
  - **经度** 121.037438°E
  - **纬度** 29.895928°N

- **古树等级** 三级
- **树龄** 115年
- **树高** 25米
- **胸围** 235厘米
- **平均冠幅** 10米

余姚市梁弄镇古树

银 杏

028131200026

🌳 **学名** *Ginkgo biloba* Linn.　　**科** 银杏科　　**属** 银杏属

📍 **位置** 余姚市梁弄镇东山村汪家14号溪边　　**经度** 121.039032°E　　**纬度** 29.901039°N

🏷 **古树等级**
三级

⏳ **树龄**
215年

📏 **树高**
25米

🔘 **胸围**
292厘米

🔘 **平均冠幅**
13米

罗 汉 松

028121200027

🌳 **学名** *Podocarpus macrophyllus* (Thunb.) Sweet
科 罗汉松科
属 罗汉松属

📍 **位置** 余姚市梁弄镇东山村汪家66号溪边
经度 121.039867°E
纬度 29.899388°N

🏷 **古树等级**
二级

⏳ **树龄**
415年

📏 **树高**
13米

🔘 **胸围**
270厘米

🔘 **平均冠幅**
9米

樟 树

028131200028

学名　*Cinnamomum camphora* (Linn.) Presl　　科　樟科　　属　樟属

位置　余姚市梁弄镇汪巷村村委门口　　经度　121.06412778°E　　纬度　29.89811111°N

古树等级
三级

树龄
215年

树高
15米

胸围
285厘米

平均冠幅
14.5米

樟 树

028131200029

学名　*Cinnamomum camphora* (Linn.) Presl　　科　樟科　　属　樟属

位置　余姚市梁弄镇汪巷村村委门口　　经度　121.06414722°E　　纬度　29.89807778°N

古树等级
三级

树龄
215年

树高
17米

胸围
295厘米

平均冠幅
17米

028131200030

樟 树

学名	*Cinnamomum camphora* (Linn.) Presl	科 樟科		属 樟属
位置	余姚市梁弄镇横坎头村大岭下村口	经度 121.070216°E		纬度 29.882411°N

古树等级
三级

树龄
135年

树高
15米

胸围
400厘米

平均冠幅
16米

樟 树

028121200031

学名　*Cinnamomum camphora* (Linn.) Presl
科　　樟科
属　　樟属

位置　余姚市梁弄镇横坎头村大岭下19号
经度　121.06798889°E
纬度　29.88152778°N

古树等级
二级

树龄
315年

树高
20米

胸围
440厘米

平均冠幅
12.5米

樟 树

028131200032

- 🌳 学名 *Cinnamomum camphora* (Linn.) Presl
- 科 樟科
- 属 樟属

- 📍 位置 余姚市梁弄镇横坎头村大岭下
- 经度 121.06825556°E
- 纬度 29.88196111°N

🏷 古树等级
三级

⏳ 树龄
215年

🌲 树高
25米

◎ 胸围
340厘米

◎ 平均冠幅
9.5米

枫 杨

028131200033

- 🌳 学名 *Pterocarya stenoptera* C. DC.
- 📍 位置 余姚市梁弄镇东溪村大池头

- 科 胡桃科
- 经度 121.082308°E

- 属 枫杨属
- 纬度 29.913197°N

🏷 古树等级
三级

⏳ 树龄
215年

🌲 树高
16米

◎ 胸围
350厘米

◎ 平均冠幅
14.5米

银 杏

028131200034

学名 *Ginkgo biloba* Linn.
科 银杏科
属 银杏属

位置 余姚市梁弄镇东溪村大池头
经度 121.081374°E
纬度 29.913268°N

古树等级
三级

树龄
115年

树高
18米

胸围
435厘米

平均冠幅
12米

樟 树

028131200035

学名 *Cinnamomum camphora* (Linn.) Presl　科 樟科　属 樟属
位置 余姚市梁弄镇雅贤村下湖　经度 121.072478°E　纬度 29.962533°N

古树等级
三级

树龄
265年

树高
16米

胸围
365厘米

平均冠幅
18米

枫杨古树群

主要树种为枫杨，共有古树12株，位于余姚市梁弄镇东溪村斤岭下，平均树龄215年，平均树高16.3米，平均胸围271厘米，面积0.3公顷。

028141200001

枫 香

028121300001

🌳 **学名** *Liquidambar formosana* Hance
　科　金缕梅科
　属　枫香树属

📍 **位置**　余姚市陆埠镇洪山村烈士纪念碑
　经度　121.243652°E
　纬度　29.925713°N

🏷 **古树等级**
二级

⏳ **树龄**
450年

🌲 **树高**
24米

◎ **胸围**
430厘米

◉ **平均冠幅**
16米

樟 树

028131300002

🌳 **学名** *Cinnamomum camphora* (Linn.) Presl
　科　樟科
　属　樟属

📍 **位置**　余姚市陆埠镇徐鲍陈村上楮林庙南
　经度　121.280311°E
　纬度　29.922723°N

🏷 **古树等级**
三级

⏳ **树龄**
115年

🌲 **树高**
18.5米

◎ **胸围**
225厘米

◉ **平均冠幅**
20米

樟 树

学名　*Cinnamomum camphora* (Linn.) Presl

科　　樟科

属　　樟属

位置　余姚市陆埠镇徐鲍陈村邵家宅后

经度　121.275153°E

纬度　29.915965°N

古树等级
三级

树龄
115年

树高
17米

胸围
270厘米

平均冠幅
17米

樟 树

学名　*Cinnamomum camphora* (Linn.) Presl

科　　樟科

属　　樟属

位置　余姚市陆埠镇洪山村望石坑

经度　121.249275°E

纬度　29.918003°N

古树等级
三级

树龄
115年

树高
22米

胸围
260厘米

平均冠幅
16.5米

余姚市陆埠镇古树

樟 树

028131300005

🌳 学名　*Cinnamomum camphora* (Linn.) Presl
　　科　　樟科
　　属　　樟属

📍 位置　余姚市陆埠镇洪山村望石坑
　　经度　121.249216°E
　　纬度　29.918048°N

古树等级
三级

树龄
115年

树高
19.5米

胸围
210厘米

平均冠幅
8.5米

樟 树

028131300006

🌳 学名　*Cinnamomum camphora* (Linn.) Presl
　　科　　樟科
　　属　　樟属

📍 位置　余姚市陆埠镇洪山村望石坑
　　经度　121.249294°E
　　纬度　29.918075°N

古树等级
三级

树龄
115年

树高
16米

胸围
235厘米

平均冠幅
10.5米

樟 树

028121300007

🌐 学名　*Cinnamomum camphora* (Linn.) Presl
　　科　　樟科
　　属　　樟属

📍 位置　余姚市陆埠镇洪山村望石坑
　　经度　121.249111°E
　　纬度　29.91797°N

📖 古树等级
　二级

⏳ 树龄
　315年

🔺 树高
　19米

⊙ 胸围
　620厘米

◎ 平均冠幅
　16米

樟 树

028131300008

🌐 学名　*Cinnamomum camphora* (Linn.) Presl
　　科　　樟科
　　属　　樟属

📍 位置　余姚市陆埠镇洪山村望石坑
　　经度　121.249269°E
　　纬度　29.918266°N

📖 古树等级
　三级

⏳ 树龄
　115年

🔺 树高
　17米

⊙ 胸围
　225厘米

◎ 平均冠幅
　9.5米

余姚市陆埠镇古树

枫 杨

028131300009

- 学名 *Pterocarya stenoptera* C. DC.
- 科 胡桃科
- 属 枫杨属

- 位置 余姚市陆埠镇洪山村庙下张溪边
- 经度 121.24701°E
- 纬度 29.90956°N

古树等级
三级

树龄
235年

树高
21米

胸围
420厘米

平均冠幅
17米

枫 杨

028131300010

- 学名 *Pterocarya stenoptera* C. DC.
- 位置 余姚市陆埠镇洪山村庙下张溪边

科 胡桃科
经度 121.246376°E

属 枫杨属
纬度 29.909319°N

古树等级
三级

树龄
235年

树高
18米

胸围
490厘米

平均冠幅
16米

马尾松

🌳 **学名** *Pinus massoniana* Lamb.
　科　松科
　属　松属

📍 **位置**　余姚市陆埠镇洪山村庙下张后山半山腰
　经度　121.245959°E
　纬度　29.907783°N

🏛 **古树等级**
三级

⏳ **树龄**
165年

🌲 **树高**
27米

◎ **胸围**
240厘米

◎ **平均冠幅**
8.5米

圆 柏

🌳 **学名** *Sabina chinensis* (Linn.) Ant.
　科　柏科
　属　圆柏属

📍 **位置**　余姚市陆埠镇洪山村华盖山
　经度　121.23151111°E
　纬度　29.89488056°N

🏛 **古树等级**
二级

⏳ **树龄**
435年

🌲 **树高**
12.5米

◎ **胸围**
265厘米

◎ **平均冠幅**
7.5米

余姚市陆埠镇古树

枫 杨

🌳 **学名** *Pterocarya stenoptera* C. DC.
科 胡桃科
属 枫杨属

📍 **位置** 余姚市陆埠镇洪山村华盖山池塘边
经度 121.232223°E
纬度 29.895572°N

古树等级
二级

树龄
415年

树高
15米

胸围
500厘米

平均冠幅
10.5米

枫 杨

🌳 **学名** *Pterocarya stenoptera* C. DC.
科 胡桃科
属 枫杨属

📍 **位置** 余姚市陆埠镇裘岙村庙根下
经度 121.21768°E
纬度 29.895389°N

古树等级
三级

树龄
215年

树高
25米

胸围
350厘米

平均冠幅
13.5米

朴 树

028131300015

- 学名　*Celtis sinensis* Pers.
  - 科　　榆科
  - 属　　朴属

- 位置　余姚市陆埠镇裘岙村庙根下
  - 经度　121.217698°E
  - 纬度　29.895468°N

- 古树等级　三级
- 树龄　215年
- 树高　16米
- 胸围　245厘米
- 平均冠幅　8米

金钱松

028131300016

- 学名　*Pseudolarix amabilis* (Nelson) Rehd.
  - 科　　松科
  - 属　　金钱松属

- 位置　余姚市陆埠镇袁马村陈巴岭113号门前
  - 经度　121.189591°E
  - 纬度　29.896658°N

- 古树等级　三级
- 树龄　265年
- 树高　35米
- 胸围　355厘米
- 平均冠幅　21米

银 杏

🌳 **学名** *Ginkgo biloba* Linn.
科 银杏科
属 银杏属

📍 **位置** 余姚市陆埠镇袁马村陈巴岭113号门前
经度 121.189537°E
纬度 29.896683°N

028131300017

古树等级
三级

树龄
115年

树高
22米

胸围
275厘米

平均冠幅
11.5米

樟 树

🌳 **学名** *Cinnamomum camphora* (Linn.) Presl
科 樟科
属 樟属

📍 **位置** 余姚市陆埠镇袁马村上方宅后
经度 121.223091°E
纬度 29.916527°N

028131300018

古树等级
三级

树龄
165年

树高
22米

胸围
355厘米

平均冠幅
14米

枫 香

028131300019

- 🌱 **学名** *Liquidambar formosana* Hance
  - **科** 金缕梅科
  - **属** 枫香树属

- 📍 **位置** 余姚市陆埠镇杜徐岙村上陈竹林内
  - **经度** 121.206692°E
  - **纬度** 29.921036°N

- 📋 **古树等级**
  三级
- ⏳ **树龄**
  115年
- 📏 **树高**
  30米
- ⭕ **胸围**
  340厘米
- 🌳 **平均冠幅**
  15米

樟 树

028131300020

- 🌱 **学名** *Cinnamomum camphora* (Linn.) Presl
  - **科** 樟科
  - **属** 樟属

- 📍 **位置** 余姚市陆埠镇杜徐岙村上陈樟树亭
  - **经度** 121.213144°E
  - **纬度** 29.922874°N

- 📋 **古树等级**
  三级
- ⏳ **树龄**
  205年
- 📏 **树高**
  19.5米
- ⭕ **胸围**
  470厘米
- 🌳 **平均冠幅**
  21米

樟 树

028121300021

🌳 **学名** *Cinnamomum camphora* (Linn.) Presl
科 樟科
属 樟属

📍 **位置** 余姚市陆埠镇石门村永兴庙
经度 121.19012°E
纬度 29.9502°N

古树等级
二级

树龄
315年

树高
15米

胸围
420厘米

平均冠幅
22米

桂花（金桂）

028131300022

🌳 **学名** *Osmanthus fragrans* (Thunb.) Lour.
科 木犀科
属 木犀属

📍 **位置** 余姚市陆埠镇石门村石门溪边
经度 121.18709722°E
纬度 29.93275°N

古树等级
三级

树龄
115年

树高
11.5米

胸围
160厘米

平均冠幅
9米

三角槭

028131300023

🌐 **学名** *Acer buergerianum* Miq.
   科 槭树科
   属 槭属

📍 **位置** 余姚市陆埠镇石门村鲁岙溪边
   经度 121.175075°E
   纬度 29.933648°N

🏛 **古树等级**
   三级

⏳ **树龄**
   215年

📏 **树高**
   19.5米

◎ **胸围**
   290厘米

◎ **平均冠幅**
   11米

黄 檀

028131300024

🌐 **学名** *Dalbergia hupeana* Hance
   科 豆科
   属 黄檀属

📍 **位置** 余姚市陆埠镇兰山村梅岭庙后宅旁
   经度 121.19759°E
   纬度 29.928912°N

🏛 **古树等级**
   三级

⏳ **树龄**
   115年

📏 **树高**
   22米

◎ **胸围**
   85厘米

◎ **平均冠幅**
   3米

樟 树

🌲 学名　*Cinnamomum camphora* (Linn.) Presl
　　科　　樟科
　　属　　樟属

📍 位置　余姚市陆埠镇兰山村梅岭47号
　　经度　121.199653°E
　　纬度　29.930824°N

028131300025

📖 古树等级
三级

⏳ 树龄
295年

🌲 树高
16米

⚫ 胸围
378厘米

🍃 平均冠幅
11.5米

樟 树

🌲 学名　*Cinnamomum camphora* (Linn.) Presl
　　科　　樟科
　　属　　樟属

📍 位置　余姚市陆埠镇兰山村梅岭47号
　　经度　121.199607°E
　　纬度　29.930916°N

028131300026

📖 古树等级
三级

⏳ 树龄
245年

🌲 树高
18米

⚫ 胸围
270厘米

🍃 平均冠幅
15米

苦 槠

🌲 学名　*Castanopsis sclerophylla* (Lindl.) Schott.
　　科　　壳斗科
　　属　　锥属

📍 位置　余姚市陆埠镇干溪村近山后山竹林内
　　经度　121.231556°E
　　纬度　29.97061°N

🏛 古树等级
三级

⧗ 树龄
215年

🌿 树高
17米

◎ 胸围
440厘米

◎ 平均冠幅
10.5米

枫 香

🌲 学名　*Liquidambar formosana* Hance
　　科　　金缕梅科
　　属　　枫香树属

📍 位置　余姚市陆埠镇干溪村里岗
　　经度　121.240982°E
　　纬度　29.96337°N

🏛 古树等级
三级

⧗ 树龄
215年

🌿 树高
24米

◎ 胸围
445厘米

◎ 平均冠幅
13.5米

枫 香

028131300029

- 学名 *Liquidambar formosana* Hance
- 科 金缕梅科
- 属 枫香树属

- 位置 余姚市陆埠镇干溪村里岗
- 经度 121.24081°E
- 纬度 29.963556°N

古树等级
三级

树龄
215年

树高
23米

胸围
345厘米

平均冠幅
16米

枫 杨

028131300030

- 学名 *Pterocarya stenoptera* C. DC.
- 位置 余姚市陆埠镇干溪村路西45号旁
- 科 胡桃科 属 枫杨属
- 经度 121.227157°E 纬度 29.963935°N

古树等级
三级

树龄
215年

树高
6米

胸围
280厘米

平均冠幅
5.5米

枫 杨

- 学名　*Pterocarya stenoptera* C. DC.
- 科　　胡桃科
- 属　　枫杨属

- 位置　余姚市陆埠镇干溪村路西28号宅内
- 经度　121.226655°E
- 纬度　29.964086°N

古树等级
三级

树龄
215年

树高
14.5米

胸围
260厘米

平均冠幅
9.5米

樟 树

- 学名　*Cinnamomum camphora* (Linn.) Presl
- 科　　樟科
- 属　　樟属

- 位置　余姚市陆埠镇干溪村桑园
- 经度　121.22325°E
- 纬度　29.97264722°N

古树等级
三级

树龄
115年

树高
17米

胸围
210厘米

平均冠幅
15.5米

余姚市陆埠镇古树

樟 树

028131300033

🌲 学名　*Cinnamomum camphora* (Linn.) Presl
科　　樟科
属　　樟属

📍 位置　余姚市陆埠镇干溪村桑园
经度　121.223171°E
纬度　29.972527°N

📖 古树等级
三级

⏳ 树龄
115年

🔏 树高
22米

⊚ 胸围
210厘米

◎ 平均冠幅
12米

樟 树

028131300034

🌲 学名　*Cinnamomum camphora* (Linn.) Presl　　科　樟科　　属　樟属
📍 位置　余姚市陆埠镇南雷村魏家溪旁　　经度　121.216596°E　　纬度　29.980436°N

📖 古树等级
三级

⏳ 树龄
265年

🔏 树高
14米

⊚ 胸围
335厘米

◎ 平均冠幅
18.5米

枫 香

🌳 **学名**	*Liquidambar formosana* Hance	**科**	金缕梅科	**属** 枫香树属
📍 **位置**	余姚市陆埠镇南雷村十五岙	**经度**	121.213399°E	**纬度** 29.991346°N

028131300035

🏛 **古树等级**
三级

⏳ **树龄**
295年

📏 **树高**
19米

⊙ **胸围**
445厘米

◎ **平均冠幅**
12.5米

樟 树

🌳 **学名**   *Cinnamomum camphora* (Linn.) Presl
    科   樟科
    属   樟属

📍 **位置**   余姚市陆埠镇南雷村十五岙149号对面
    经度   121.21370556°E
    纬度   29.98999167°N

028121300036

🏛 **古树等级**
二级

⏳ **树龄**
315年

📏 **树高**
15.5米

⊙ **胸围**
470厘米

◎ **平均冠幅**
17米

樟 树

学名　*Cinnamomum camphora* (Linn.) Presl
科　　樟科
属　　樟属

位置　余姚市陆埠镇南雷村庙后1号旁
经度　121.211089°E
纬度　29.993324°N

028121300037

古树等级
二级

树龄
315年

树高
14.5米

胸围
500厘米

平均冠幅
13米

樟 树

学名　*Cinnamomum camphora* (Linn.) Presl
科　　樟科
属　　樟属

位置　余姚市陆埠镇南雷村庙后剡湖庙内
经度　121.212615°E
纬度　29.991174°N

028121300038

古树等级
二级

树龄
415年

树高
20米

胸围
300厘米

平均冠幅
17米

樟 树

学名　*Cinnamomum camphora* (Linn.) Presl
科　　樟科
属　　樟属

位置　余姚市陆埠镇南雷村庙后剡湖庙内
经度　121.212669°E
纬度　29.991235°N

古树等级
二级

树龄
375年

树高
20米

胸围
340厘米

平均冠幅
18.5米

樟 树

028131300040

学名　*Cinnamomum camphora* (Linn.) Presl
科　　樟科
属　　樟属

位置　余姚市陆埠镇南雷村白鹤桥河旁
经度　121.222713°E
纬度　30.006452°N

古树等级
三级

树龄
265年

树高
15米

胸围
340厘米

平均冠幅
12米

余姚市陆埠镇古树

樟 树

028131300041

🌳 **学名** *Cinnamomum camphora* (Linn.) Presl
科 樟科
属 樟属

📍 **位置** 余姚市陆埠镇官路沿村下洋岙21号旁
经度 121.288072°E
纬度 29.973405°N

📋 **古树等级**
三级

⏳ **树龄**
115年

🔃 **树高**
19.5米

◎ **胸围**
240厘米

◎ **平均冠幅**
15.5米

樟 树

028131300042

🌳 **学名** *Cinnamomum camphora* (Linn.) Presl
科 樟科
属 樟属

📍 **位置** 余姚市陆埠镇官路沿村下洋岙21号旁
经度 121.288022°E
纬度 29.973428°N

📋 **古树等级**
三级

⏳ **树龄**
115年

🔃 **树高**
19.5米

◎ **胸围**
260厘米

◎ **平均冠幅**
15米

山皂荚

🌳 学名　*Gleditsia japonica* Miq.
　　科　　豆科
　　属　　皂荚属

📍 位置　余姚市陆埠镇官路沿村官中107号门前
　　经度　121.275539°E
　　纬度　29.987139°N

028131300043

古树等级
三级

树龄
215年

树高
11.5米

胸围
270厘米

平均冠幅
11.5米

枫　杨

🌳 学名　*Pterocarya stenoptera* C. DC.
　　科　　胡桃科
　　属　　枫杨属

📍 位置　余姚市陆埠镇兰溪村桥东溪旁
　　经度　121.231788°E
　　纬度　29.991758°N

028131300044

古树等级
三级

树龄
115年

树高
18米

胸围
380厘米

平均冠幅
18.5米

樟 树

- 学名　*Cinnamomum camphora* (Linn.) Presl　　科　樟科　　属　樟属
- 位置　余姚市陆埠镇袁马村洪山小学溪边　　经度　121.222767°E　　纬度　29.931247°N

028131300045

古树等级　三级

树龄　220年

树高　19米

胸围　310厘米

平均冠幅　20.5米

樟 树

- 学名　*Cinnamomum camphora* (Linn.) Presl　　科　樟科　　属　樟属
- 位置　余姚市陆埠镇袁马村洪山小学溪边　　经度　121.22352°E　　纬度　29.931863°N

028131300046

古树等级　三级

树龄　100年

树高　11.5米

胸围　185厘米

平均冠幅　12.5米

樟 树

028131300047

学名　*Cinnamomum camphora* (Linn.) Presl
科　　樟科
属　　樟属

位置　余姚市陆埠镇杜徐岙村下陈公交停靠站旁
经度　121.215497°E
纬度　29.92586°N

古树等级
三级

树龄
220年

树高
14.5米

胸围
320厘米

平均冠幅
16.5米

枫 杨

028131300048

学名　*Pterocarya stenoptera* C. DC.
科　　胡桃科
属　　枫杨属

位置　余姚市陆埠镇干溪村路西45号旁
经度　121.226866°E
纬度　29.96431°N

古树等级
三级

树龄
215年

树高
16.5米

胸围
270厘米

平均冠幅
12.5米

樟 树

028131400001

学名 *Cinnamomum camphora* (Linn.) Presl
科 樟科
属 樟属

位置 余姚市大隐镇学士桥村舒夹岙51号门前
经度 121.366821°E
纬度 29.945525°N

古树等级
三级

树龄
135年

树高
15米

胸围
245厘米

平均冠幅
14.5米

樟 树

028131400002

学名 *Cinnamomum camphora* (Linn.) Presl
科 樟科
属 樟属

位置 余姚市大隐镇学士桥村金夹岙天师殿
经度 121.35809722°E
纬度 29.93567222°N

古树等级
三级

树龄
125年

树高
16米

胸围
205厘米

平均冠幅
18米

樟 树

028131400003

🌲 学名 *Cinnamomum camphora* (Linn.) Presl

科 樟科

属 樟属

📍 位置 余姚市大隐镇学士桥村金夹岙天师殿

经度 121.35803889°E

纬度 29.93565833°N

📖 古树等级
三级

⏳ 树龄
175年

🌲 树高
18米

◎ 胸围
285厘米

◎ 平均冠幅
14.5米

樟 树

028131400004

🌲 学名 *Cinnamomum camphora* (Linn.) Presl

科 樟科

属 樟属

📍 位置 余姚市大隐镇学士桥村金夹岙

经度 121.358°E

纬度 29.935675°N

📖 古树等级
三级

⏳ 树龄
175年

🌲 树高
16米

◎ 胸围
205厘米

◎ 平均冠幅
11.5米

樟 树

- 学名　*Cinnamomum camphora* (Linn.) Presl
- 科　　樟科
- 属　　樟属

028131400005

- 位置　余姚市大隐镇学士桥村金夹岙
- 经度　121.35791111°E
- 纬度　29.93571944°N

古树等级
三级

树龄
165年

树高
14.5米

胸围
205厘米

平均冠幅
11.5米

樟 树

- 学名　*Cinnamomum camphora* (Linn.) Presl
- 科　　樟科
- 属　　樟属

028121400006

- 位置　余姚市大隐镇学士桥村小隐村河道旁
- 经度　121.368303°E
- 纬度　29.949484°N

古树等级
二级

树龄
325年

树高
15米

胸围
310厘米

平均冠幅
18米

余姚市大隐镇古树

110

樟 树

🌱 **学名**　*Cinnamomum camphora* (Linn.) Presl
　　科　　樟科
　　属　　樟属

📍 **位置**　余姚市大隐镇学士桥村金夹岙消防取水点
　　经度　121.35579°E
　　纬度　29.936064°N

028131400007

🏛 **古树等级**
三级

⏳ **树龄**
209年

📏 **树高**
7.5米

🔘 **胸围**
310厘米

⊚ **平均冠幅**
13.5米

樟 树

🌱 **学名**　*Cinnamomum camphora* (Linn.) Presl
　　科　　樟科
　　属　　樟属

📍 **位置**　余姚市大隐镇大隐村山王殿路101号
　　经度　121.368364°E
　　纬度　29.938123°N

028111400008

🏛 **古树等级**
一级

⏳ **树龄**
515年

📏 **树高**
24米

🔘 **胸围**
415厘米

⊚ **平均冠幅**
18.5米

樟 树

028111400009

- 🌳 **学名** *Cinnamomum camphora* (Linn.) Presl
- 📍 **位置** 余姚市大隐镇大隐村大隐创腾机电厂

科 樟科 **属** 樟属

经度 121.36468°E **纬度** 29.933312°N

📖 **古树等级**
一级

⏳ **树龄**
1215年

↕ **树高**
24米

◎ **胸围**
935厘米

◎ **平均冠幅**
24米

枫 香

028131400010

- 🌳 **学名** *Liquidambar formosana* Hance
- **科** 金缕梅科
- **属** 枫香树属

- 📍 **位置** 余姚市大隐镇大隐村小学后东北方
- **经度** 121.365069°E
- **纬度** 29.93293°N

📖 **古树等级**
三级

⏳ **树龄**
265年

↕ **树高**
28米

◎ **胸围**
310厘米

◎ **平均冠幅**
13米

樟 树

028131400011

- 学名 *Cinnamomum camphora* (Linn.) Presl
  - 科 樟科
  - 属 樟属

- 位置 余姚市大隐镇大隐村小学后
  - 经度 121.364613°E
  - 纬度 29.932552°N

古树等级
三级

树龄
265年

树高
18米

胸围
500厘米

平均冠幅
14.5米

樟 树

028131400012

- 学名 *Cinnamomum camphora* (Linn.) Presl
  - 科 樟科
  - 属 樟属

- 位置 余姚市大隐镇大隐村
       余姚恒耀汽车电器有限公司
  - 经度 121.361435°E
  - 纬度 29.931446°N

古树等级
三级

树龄
215年

树高
21米

胸围
310厘米

平均冠幅
19.5米

樟 树

028131400013

学名　*Cinnamomum camphora* (Linn.) Presl
科　　樟科
属　　樟属

位置　余姚市大隐镇大隐村注塑机厂内
经度　121.360946°E
纬度　29.930868°N

古树等级
三级

树龄
265年

树高
16米

胸围
370厘米

平均冠幅
15米

枫 杨

028131400014

学名　*Pterocarya stenoptera* C. DC.
科　　胡桃科
属　　枫杨属

位置　余姚市大隐镇云旱村陆家
经度　121.362099°E
纬度　29.911479°N

古树等级
三级

树龄
210年

树高
21.5米

胸围
245厘米

平均冠幅
18米

余姚市大隐镇古树

枫 杨

028131400015

🌳 **学名** *Pterocarya stenoptera* C. DC.
　　科　　胡桃科
　　属　　枫杨属

📍 **位置**　余姚市大隐镇云旱村陆家农家内
　　经度　121.364451°E
　　纬度　29.91244°N

🏛 **古树等级**
三级

⏳ **树龄**
175年

↔ **树高**
18米

◎ **胸围**
275厘米

◎ **平均冠幅**
14米

银 杏

028111400016

🌳 **学名** *Ginkgo biloba* Linn.
📍 **位置**　余姚市大隐镇章山村水库对面

科　银杏科　　**属**　银杏属
经度　121.342142°E　　**纬度**　29.929453°N

🏛 **古树等级**
一级

⏳ **树龄**
715年

↔ **树高**
15米

◎ **胸围**
505厘米

◎ **平均冠幅**
12.5米

樟 树

028131400017

- 🌳 **学名** *Cinnamomum camphora* (Linn.) Presl
  - **科** 樟科
  - **属** 樟属

- 📍 **位置** 余姚市大隐镇芝林村岭下竹林内
  - **经度** 121.304148° E
  - **纬度** 29.929972° N

- **古树等级** 三级
- **树龄** 265年
- **树高** 20米
- **胸围** 370厘米
- **平均冠幅** 15米

樟 树

028131400018

- 🌳 **学名** *Cinnamomum camphora* (Linn.) Presl
  - **科** 樟科
  - **属** 樟属

- 📍 **位置** 余姚市大隐镇芝林村岭下竹林内
  - **经度** 121.30420833° E
  - **纬度** 29.92986111° N

- **古树等级** 三级
- **树龄** 215年
- **树高** 15米
- **胸围** 300厘米
- **平均冠幅** 14米

圆 柏

028131500001

学名　*Sabina chinensis* (Linn.) Ant.
科　　柏科
属　　圆柏属

位置　余姚市大岚镇大岚村邱庄
经度　121.114925°E
纬度　29.830838°N

古树等级
三级

树龄
195年

树高
15米

胸围
325厘米

平均冠幅
6米

圆 柏

028121500002

学名　*Sabina chinensis* (Linn.) Ant.
科　　柏科
属　　圆柏属

位置　余姚市大岚镇大岚村邱庄
经度　121.114879°E
纬度　29.830886°N

古树等级
二级

树龄
365年

树高
17米

胸围
215厘米

平均冠幅
9米

金钱松

028131500003

🌲 **学名** *Pseudolarix amabilis* (Nelson) Rehd.
　科 松科
　属 金钱松属

📍 **位置** 余姚市大岚镇大岚村升仙桥
　经度 121.11712222°E
　纬度 29.82948333°N

古树等级
三级

树龄
135年

树高
18米

胸围
170厘米

平均冠幅
15米

金钱松

028131500004

🌲 **学名** *Pseudolarix amabilis* (Nelson) Rehd.
　科 松科
　属 金钱松属

📍 **位置** 余姚市大岚镇大岚村升仙桥
　经度 121.11708333°E
　纬度 29.82952222°N

古树等级
三级

树龄
165年

树高
19米

胸围
220厘米

平均冠幅
14米

朴 树

028131500005

🌿 **学名** *Celtis sinensis* Pers.
　科　榆科
　属　朴属

📍 **位置**　余姚市大岚镇大岚村升仙桥
　经度　121.117283°E
　纬度　29.779427°N

📋 **古树等级**
三级

⏳ **树龄**
165年

🔱 **树高**
10米

🌀 **胸围**
175厘米

◎ **平均冠幅**
7米

枫 杨

028131500006

🌿 **学名** *Pterocarya stenoptera* C. DC.
　科　胡桃科
　属　枫杨属

📍 **位置**　余姚市大岚镇大岚村升仙桥
　经度　121.11718611°E
　纬度　29.82946944°N

📋 **古树等级**
三级

⏳ **树龄**
165年

🔱 **树高**
11米

🌀 **胸围**
345厘米

◎ **平均冠幅**
10米

余姚市大岚镇古树

金钱松

🌲 **学名** *Pseudolarix amabilis* (Nelson) Rehd.
　　科 松科
　　属 金钱松属

📍 **位置** 余姚市大岚镇大岚村四丰
　　经度 121.119565°E
　　纬度 29.837036°N

028111500007

🏷 **古树等级**
一级

⏳ **树龄**
515年

🌲 **树高**
25米

🎯 **胸围**
315厘米

◎ **平均冠幅**
13米

金钱松

🌲 **学名** *Pseudolarix amabilis* (Nelson) Rehd.
　　科 松科
　　属 金钱松属

📍 **位置** 余姚市大岚镇大岚村四丰
　　经度 121.119643°E
　　纬度 29.836967°N

028111500008

🏷 **古树等级**
一级

⏳ **树龄**
515年

🌲 **树高**
23米

🎯 **胸围**
340厘米

◎ **平均冠幅**
12米

金钱松

028121500009

学名 *Pseudolarix amabilis* (Nelson) Rehd.
科 松科
属 金钱松属

位置 余姚市大岚镇大岚村四丰
经度 121.119663°E
纬度 29.836924°N

古树等级
二级

树龄
315年

树高
28米

胸围
217厘米

平均冠幅
9米

金钱松

028111500010

学名 *Pseudolarix amabilis* (Nelson) Rehd.
科 松科
属 金钱松属

位置 余姚市大岚镇大岚村四丰
经度 121.119719°E
纬度 29.836938°N

古树等级
一级

树龄
515年

树高
25米

胸围
330厘米

平均冠幅
13米

黄 檀

🌳 学名 *Dalbergia hupeana* Hance
　　科　　豆科
　　属　　黄檀属

📍 位置　余姚市大岚镇大岚村四丰
　　经度　121.119767°E
　　纬度　29.836889°N

028111500011

🏷 古树等级
一级

⏳ 树龄
515年

🔝 树高
18米

◎ 胸围
460厘米

◎ 平均冠幅
5.5米

金钱松

🌳 学名 *Pseudolarix amabilis* (Nelson) Rehd.
　　科　　松科
　　属　　金钱松属

📍 位置　余姚市大岚镇大岚村四丰
　　经度　121.122638°E
　　纬度　29.836377°N

028121500012

🏷 古树等级
二级

⏳ 树龄
300年

🔝 树高
24米

◎ 胸围
230厘米

◎ 平均冠幅
10米

金钱松

- 学名 *Pseudolarix amabilis* (Nelson) Rehd.
- 科　松科
- 属　金钱松属

- 位置　余姚市大岚镇丁家畈村下芝庄
  - 经度　121.13492778°E
  - 纬度　29.820525°N

028121500013

古树等级
二级

树龄
415年

树高
27米

胸围
345厘米

平均冠幅
13米

金钱松

- 学名 *Pseudolarix amabilis* (Nelson) Rehd.
- 科　松科
- 属　金钱松属

- 位置　余姚市大岚镇丁家畈村下芝庄
  - 经度　121.13487778°E
  - 纬度　29.82061111°N

028121500014

古树等级
二级

树龄
415年

树高
34米

胸围
400厘米

平均冠幅
17米

028131500015

枫 杨

🌳 **学名** *Pterocarya stenoptera* C. DC.　　**科** 胡桃科　　**属** 枫杨属

📍 **位置** 余姚市大岚镇大俞村大俞坑头　　**经度** 121.14371944°E　　**纬度** 29.76351389°N

古树等级
三级

树龄
115年

树高
23米

胸围
320厘米

平均冠幅
24米

银 杏

🌳 **学名** *Ginkgo biloba* Linn.
　　科 银杏科
　　属 银杏属

📍 **位置** 余姚市大岚镇大俞村下墙门
　　经度 121.14099167°E
　　纬度 29.767025°N

028111500016

古树等级
一级

树龄
765年

树高
21米

胸围
355厘米

平均冠幅
13.5米

余姚市大岚镇古树

榧 树

028111500017

- **学名** *Torreya grandis* Fort. ex Lindl.
  - **科** 红豆杉科
  - **属** 榧树属

- **位置** 余姚市大岚镇大俞村下墙门
  - **经度** 121.14095278°E
  - **纬度** 29.767075°N

- **古树等级** 一级
- **树龄** 765年
- **树高** 23.5米
- **胸围** 295厘米
- **平均冠幅** 12.5米

三角槭

028131500018

- **学名** *Acer buergerianum* Miq.
  - **科** 槭树科
  - **属** 槭属

- **位置** 余姚市大岚镇南岚村陶家坑
  - **经度** 121.14204722°E
  - **纬度** 29.793025°N

- **古树等级** 三级
- **树龄** 265年
- **树高** 20米
- **胸围** 220厘米
- **平均冠幅** 14米

枫 香

🌳 **学名** *Liquidambar formosana* Hance
　　科　金缕梅科
　　属　枫香树属

📍 **位置**　余姚市大岚镇南岚村陶家坑
　　经度　121.14192222°E
　　纬度　29.79275°N

028131500019

🏛 **古树等级**
三级

⏳ **树龄**
115年

↕ **树高**
18.5米

◎ **胸围**
195厘米

◎ **平均冠幅**
9米

朴 树

🌳 **学名** *Celtis sinensis* Pers.　　**科**　榆科　　　**属**　朴属
📍 **位置**　余姚市大岚镇南岚村西岭下　**经度**　121.12972778°E　**纬度**　29.80506667°N

028131500020

🏛 **古树等级**
三级

⏳ **树龄**
265年

↕ **树高**
12米

◎ **胸围**
280厘米

◎ **平均冠幅**
16.5米

枫 杨

028111500021

- 学名　*Pterocarya stenoptera* C. DC.
- 位置　余姚市大岚镇南岚村蜻蜓岗

科　胡桃科　　属　枫杨属

经度　121.13001667°E　　纬度　29.80904167°N

古树等级
一级

树龄
515年

树高
20米

胸围
500厘米

平均冠幅
18.5米

枫 杨

028111500022

- 学名　*Pterocarya stenoptera* C. DC.
- 科　胡桃科
- 属　枫杨属

- 位置　余姚市大岚镇南岚村蜻蜓岗
- 经度　121.12982778°E
- 纬度　29.80913889°N

古树等级
一级

树龄
515年

树高
18米

胸围
415厘米

平均冠幅
20米

余姚市大岚镇古树

127

枫杨

028131500023

学名 *Pterocarya stenoptera* C. DC.
科 胡桃科
属 枫杨属

位置 余姚市大岚镇南岚村蜻蜓岗
经度 121.12967778°E
纬度 29.80931667°N

古树等级
三级

树龄
135年

树高
18米

胸围
275厘米

平均冠幅
15.5米

银杏

028111500024

学名 *Ginkgo biloba* Linn.
科 银杏科
属 银杏属

位置 余姚市大岚镇上马村新屋
经度 121.15084722°E
纬度 29.83716667°N

古树等级
一级

树龄
515年

树高
20米

胸围
355厘米

平均冠幅
18米

朴 树

🌿 **学名** *Celtis sinensis* Pers.
    科 榆科
    属 朴属

📍 **位置** 余姚市大岚镇上马村新屋
    经度 121.15056944°E
    纬度 29.83698333°N

古树等级
二级

树龄
365年

树高
24米

胸围
285厘米

平均冠幅
14米

黄 檀

🌿 **学名** *Dalbergia hupeana* Hance
    科 豆科
    属 黄檀属

📍 **位置** 余姚市大岚镇上马村新屋
    经度 121.15052778°E
    纬度 29.83693889°N

古树等级
三级

树龄
165年

树高
22米

胸围
196厘米

平均冠幅
8米

余姚市大岚镇古树

枫 香

- 学名 *Liquidambar formosana* Hance
- 科 金缕梅科
- 属 枫香树属

- 位置 余姚市大岚镇上马村新屋
- 经度 121.15052222°E
- 纬度 29.83689444°N

古树等级
三级

树龄
215年

树高
21米

胸围
290厘米

平均冠幅
11.5米

圆 柏

- 学名 *Sabina chinensis* (Linn.) Ant.
- 科 柏科
- 属 圆柏属

- 位置 余姚市大岚镇新岚村甘竹
- 经度 121.162396°E
- 纬度 29.827655°N

古树等级
二级

树龄
465年

树高
10米

胸围
290厘米

平均冠幅
8.5米

圆 柏

028121500029

- 学名　*Sabina chinensis* (Linn.) Ant.
- 科　　柏科
- 属　　圆柏属

- 位置　余姚市大岚镇新岚村村委会后
- 经度　121.15864°E
- 纬度　29.828593°N

- 古树等级
  二级

- 树龄
  465年

- 树高
  9米

- 胸围
  230厘米

- 平均冠幅
  5米

圆 柏

028131500030

- 学名　*Sabina chinensis* (Linn.) Ant.
- 科　　柏科
- 属　　圆柏属

- 位置　余姚市大岚镇大路下村观溪庙前
- 经度　121.14159167°E
- 纬度　29.81841667°N

- 古树等级
  三级

- 树龄
  125年

- 树高
  9.5米

- 胸围
  110厘米

- 平均冠幅
  4米

余姚市大岚镇古树

圆 柏

028121500031

学名　*Sabina chinensis* (Linn.) Ant.
科　　柏科
属　　圆柏属

位置　余姚市大岚镇大路下村观溪庙前
经度　121.14146667°E
纬度　29.81827222°N

古树等级
二级

树龄
315年

树高
12米

胸围
195厘米

平均冠幅
7米

圆 柏

028121500032

学名　*Sabina chinensis* (Linn.) Ant.
科　　柏科
属　　圆柏属

位置　余姚市大岚镇大路下村观溪庙前
经度　121.14167778°E
纬度　29.81830278°N

古树等级
二级

树龄
315年

树高
9米

胸围
150厘米

平均冠幅
5.5米

圆 柏

028121500033

🌲 **学名** *Sabina chinensis* (Linn.) Ant.
    科 柏科
    属 圆柏属

📍 **位置** 余姚市大岚镇大路下村观溪庙前
    经度 121.14162778°E
    纬度 29.81831667°N

古树等级 二级

树龄 315年

树高 10米

胸围 120厘米

平均冠幅 5.5米

金钱松

028111500034

🌲 **学名** *Pseudolarix amabilis* (Nelson) Rehd.
    科 松科
    属 金钱松属

📍 **位置** 余姚市大岚镇柿林村同心古井上路口
    经度 121.15522778°E
    纬度 29.79481111°N

古树等级 一级

树龄 515年

树高 28米

胸围 345厘米

平均冠幅 14米

榧 树

028111500035

- 学名　*Torreya grandis* Fort. ex Lindl.
- 科　　红豆杉科
- 属　　榧树属

- 位置　余姚市大岚镇柿林村同心古井上路口
- 经度　121.15510556°E
- 纬度　29.79479444°N

古树等级
一级

树龄
515年

树高
25米

胸围
290厘米

平均冠幅
15米

榧 树

028111500036

- 学名　*Torreya grandis* Fort. ex Lindl.
- 科　　红豆杉科
- 属　　榧树属

- 位置　余姚市大岚镇柿林村同心古井上路口
- 经度　121.15524722°E
- 纬度　29.79485833°N

古树等级
一级

树龄
515年

树高
19米

胸围
225厘米

平均冠幅
6.5米

榧 树

🌱 **学名** *Torreya grandis* Fort. ex Lindl.
科 红豆杉科
属 榧树属

📍 **位置** 余姚市大岚镇柿林村同心古井
经度 121.15529444°E
纬度 29.79484722°N

📖 **古树等级**
一级

⏳ **树龄**
515年

🌲 **树高**
16米

◎ **胸围**
190厘米

◎ **平均冠幅**
5米

榧 树

🌱 **学名** *Torreya grandis* Fort. ex Lindl.
科 红豆杉科
属 榧树属

📍 **位置** 余姚市大岚镇柿林村同心古井
经度 121.155325°E
纬度 29.79485278°N

📖 **古树等级**
一级

⏳ **树龄**
515年

🌲 **树高**
17米

◎ **胸围**
230厘米

◎ **平均冠幅**
4米

大叶早樱

028111500039

🌳 **学名**　*Cerasus subhirtella* (Miq.) Sok.
　科　蔷薇科
　属　樱属

📍 **位置**　余姚市大岚镇柿林村古井上路口
　经度　121.15543056°E
　纬度　29.79485556°N

📖 **古树等级**
一级

⏳ **树龄**
815年

📏 **树高**
16米

◎ **胸围**
320厘米

◎ **平均冠幅**
14.5米

榧 树

028111500040

🌳 **学名**　*Torreya grandis* Fort. ex Lindl.
　科　红豆杉科
　属　榧树属

📍 **位置**　余姚市大岚镇柿林村同心古井
　经度　121.15536667°E
　纬度　29.794875°N

📖 **古树等级**
一级

⏳ **树龄**
515年

◎ **树高**
21米

◎ **胸围**
345厘米

◎ **平均冠幅**
13.5米

榧 树

028131500041

- 学名 *Torreya grandis* Fort. ex Lindl.
  - 科 红豆杉科
  - 属 榧树属

- 位置 余姚市大岚镇柿林村同心古井
  - 经度 121.15534444°E
  - 纬度 29.79497222°N

- 古树等级 三级
- 树龄 215年
- 树高 20米
- 胸围 390厘米
- 平均冠幅 13米

榧 树

028131500042

- 学名 *Torreya grandis* Fort. ex Lindl.
  - 科 红豆杉科
  - 属 榧树属

- 位置 余姚市大岚镇柿林村同心古井
  - 经度 121.15521111°E
  - 纬度 29.79493333°N

- 古树等级 三级
- 树龄 215年
- 树高 20米
- 胸围 260厘米
- 平均冠幅 13米

柿

028131500043

🌳 学名 *Diospyros kaki* Thunb.

科 柿科　　属 柿属

📍 位置 余姚市大岚镇柿林村村路口

经度 121.15645278°E　　纬度 29.79479444°N

古树等级
三级

树龄
135年

树高
16.5米

胸围
260厘米

平均冠幅
11.5米

银 杏

028131500044

🌳 学名 *Ginkgo biloba* Linn.

科 银杏科

属 银杏属

📍 位置 余姚市大岚镇柿林村家岭头

经度 121.15548056°E

纬度 29.79706667°N

古树等级
三级

树龄
165年

树高
27米

胸围
300厘米

平均冠幅
21米

银 杏

028131500045

🌿 **学名** *Ginkgo biloba* Linn.
　　科　　银杏科
　　属　　银杏属

📍 **位置**　余姚市大岚镇柿林村家岭头
　　经度　121.15608333°E
　　纬度　29.79714167°N

📋 **古树等级**
三级

⏳ **树龄**
165年

📐 **树高**
27米

◎ **胸围**
270厘米

◎ **平均冠幅**
13米

银 杏

028131500046

🌿 **学名** *Ginkgo biloba* Linn.
　　科　　银杏科
　　属　　银杏属

📍 **位置**　余姚市大岚镇柿林村家岭头
　　经度　121.15614722°E
　　纬度　29.79702778°N

📋 **古树等级**
三级

⏳ **树龄**
165年

📐 **树高**
25.5米

◎ **胸围**
215厘米

◎ **平均冠幅**
11.5米

榧 树

028121500047

🌳 **学名** *Torreya grandis* Fort. ex Lindl.　　**科** 红豆杉科　　**属** 榧树属

📍 **位置** 余姚市大岚镇柿林村家岭头　　**经度** 121.15616944°E　　**纬度** 29.7967°N

古树等级
二级

树龄
315年

树高
17米

胸围
380厘米

平均冠幅
12米

柿

028131500048

🌳 **学名** *Diospyros kaki* Thunb.
科 柿科
属 柿属

📍 **位置** 余姚市大岚镇柿林村家岭头
经度 121.15624722°E
纬度 29.79670278°N

古树等级
三级

树龄
165年

树高
11米

胸围
290厘米

平均冠幅
11米

银 杏

028131500049

学名 *Ginkgo biloba* Linn.
位置 余姚市大岚镇柿林村家岭头

科 银杏科 属 银杏属
经度 121.15638333°E 纬度 29.79700556°N

古树等级
三级

树龄
165年

树高
22米

胸围
190厘米

平均冠幅
13米

银 杏

028131500050

学名 *Ginkgo biloba* Linn.
科 银杏科
属 银杏属

位置 余姚市大岚镇柿林村大地下
经度 121.157121°E
纬度 29.796479°N

古树等级
三级

树龄
165年

树高
26米

胸围
220厘米

平均冠幅
14.5米

银 杏

🌱 **学名** *Ginkgo biloba* Linn.
    科 银杏科
    属 银杏属

📍 **位置** 余姚市大岚镇柿林村梅花地坎
    经度 121.157775°E
    纬度 29.79548611°N

📋 **古树等级**
三级

⏳ **树龄**
135年

🔍 **树高**
20米

🎯 **胸围**
260厘米

◎ **平均冠幅**
12.5米

银 杏

🌱 **学名** *Ginkgo biloba* Linn.
    科 银杏科
    属 银杏属

📍 **位置** 余姚市大岚镇柿林村果子坑
    经度 121.15916944°E
    纬度 29.79458889°N

📋 **古树等级**
三级

⏳ **树龄**
165年

🔍 **树高**
25米

🎯 **胸围**
210厘米

◎ **平均冠幅**
18米

银 杏

028131500053

🌳 **学名** *Ginkgo biloba* Linn.
　科　银杏科
　属　银杏属

📍 **位置**　余姚市大岚镇柿林村果子坑
　经度　121.1612°E
　纬度　29.79451944°N

古树等级
三级

树龄
165年

树高
29米

胸围
230厘米

平均冠幅
15.5米

柿

028131500054

🌳 **学名** *Diospyros kaki* Thunb.
　科　柿科
　属　柿属

📍 **位置**　余姚市大岚镇柿林村村茶厂前
　经度　121.15694444°E
　纬度　29.79425833°N

古树等级
三级

树龄
135年

树高
7米

胸围
222厘米

平均冠幅
8米

榧 树

028121500055

学名 *Torreya grandis* Fort. ex Lindl.
科 红豆杉科
属 榧树属

位置 余姚市大岚镇柿林村柿林村北
经度 121.15496111°E
纬度 29.79532222°N

古树等级
二级

树龄
365年

树高
18米

胸围
400厘米

平均冠幅
14米

榧 树

028121500056

学名 *Torreya grandis* Fort. ex Lindl.
科 红豆杉科
属 榧树属

位置 余姚市大岚镇柿林村柿林村北
经度 121.15486944°E
纬度 29.79522778°N

古树等级
二级

树龄
365年

树高
14米

胸围
200厘米

平均冠幅
11.5米

银 杏

028131500057

🌲 **学名** *Ginkgo biloba* Linn.
　　科 银杏科
　　属 银杏属

📍 **位置** 余姚市大岚镇柿林村村北
　　经度 121.15481944°E
　　纬度 29.79616944°N

🏛 **古树等级**
三级

⏳ **树龄**
105年

↕ **树高**
25米

◎ **胸围**
218厘米

◎ **平均冠幅**
16.5米

榧 树

028131500058

🌲 **学名** *Torreya grandis* Fort. ex Lindl.
　　科 红豆杉科
　　属 榧树属

📍 **位置** 余姚市大岚镇阴地龙潭村电站背后
　　经度 121.081981°E
　　纬度 29.784284°N

🏛 **古树等级**
三级

⏳ **树龄**
165年

↕ **树高**
18米

◎ **胸围**
235厘米

◎ **平均冠幅**
9.5米

榧 树

028131500059

学名	*Torreya grandis* Fort. ex Lindl.	科	红豆杉科	属	榧树属
位置	余姚市大岚镇阴地龙潭村玄坛庙对面	经度	121.080837°E	纬度	29.784009°N

古树等级
三级

树龄
265年

树高
13米

胸围
335厘米

平均冠幅
13米

榧 树

028121500060

学名	*Torreya grandis* Fort. ex Lindl.	科	红豆杉科	属	榧树属
位置	余姚市大岚镇阴地龙潭村沙场	经度	121.082666°E	纬度	29.783743°N

古树等级
二级

树龄
315年

树高
13米

胸围
277厘米

平均冠幅
11.5米

余姚市大岚镇古树

146

枫 香

028121500061

- 学名 *Liquidambar formosana* Hance
- 科 金缕梅科
- 属 枫香树属

- 位置 余姚市大岚镇阴地龙潭村沙场
- 经度 121.082667°E
- 纬度 29.783862°N

- 古树等级 二级
- 树龄 310年
- 树高 4米
- 胸围 330厘米
- 平均冠幅 0米

榧 树

028121500062

- 学名 *Torreya grandis* Fort. ex Lindl.
- 位置 余姚市大岚镇阴地龙潭村沙场
- 科 红豆杉科
- 经度 121.082843°E
- 属 榧树属
- 纬度 29.783903°N

- 古树等级 二级
- 树龄 315年
- 树高 13米
- 胸围 375厘米
- 平均冠幅 13米

榧 树

028131500063

- 学名　*Torreya grandis* Fort. ex Lindl.
- 科　　红豆杉科
- 属　　榧树属

- 位置　余姚市大岚镇阴地龙潭村运动广场
  经度　121.084739°E
  纬度　29.783815°N

古树等级
三级

树龄
215年

树高
15米

胸围
305厘米

平均冠幅
5.5米

榧 树

028111500064

- 学名　*Torreya grandis* Fort. ex Lindl.
- 科　　红豆杉科
- 属　　榧树属

- 位置　余姚市大岚镇阴地龙潭村王家后门
  经度　121.08428056°E
  纬度　29.78356667°N

古树等级
一级

树龄
515年

树高
15米

胸围
400厘米

平均冠幅
12.5米

榧 树

028131500065

学名 *Torreya grandis* Fort. ex Lindl.
科 红豆杉科
属 榧树属

位置 余姚市大岚镇阴地龙潭村王家后门
经度 121.08436111°E
纬度 29.78357778°N

古树等级
三级

树龄
215年

树高
13米

胸围
240厘米

平均冠幅
7.5米

榧 树

028131500066

学名 *Torreya grandis* Fort. ex Lindl.
科 红豆杉科
属 榧树属

位置 余姚市大岚镇阴地龙潭村龙潭
经度 121.08303611°E
纬度 29.783425°N

古树等级
三级

树龄
215年

树高
14米

胸围
325厘米

平均冠幅
11.5米

榧 树

- 学名　*Torreya grandis* Fort. ex Lindl.
- 科　　红豆杉科
- 属　　榧树属

- 位置　余姚市大岚镇阴地龙潭村龙潭
- 经度　121.085281°E
- 纬度　29.783153°N

D028131500067

- 古树等级　三级
- 树龄　160年
- 树高　8米
- 胸围　230厘米
- 平均冠幅　0米

榧 树

- 学名　*Torreya grandis* Fort. ex Lindl.
- 位置　余姚市大岚镇阴地龙潭村东路下
- 科　红豆杉科
- 经度　121.086906°E
- 属　榧树属
- 纬度　29.787404°N

028131500068

- 古树等级　三级
- 树龄　215年
- 树高　14米
- 胸围　285厘米
- 平均冠幅　13米

银 杏

- 🌳 **学名** *Ginkgo biloba* Linn.
- 📍 **位置** 余姚市大岚镇柿林村丹山赤水路口

科 银杏科   **属** 银杏属
经度 121.16718611°E   **纬度** 29.78949167°N

028131500069

余姚市大岚镇古树

- 🏛 **古树等级**
  三级
- ⏳ **树龄**
  150年
- 🌲 **树高**
  20.5米
- ◎ **胸围**
  237厘米
- ◉ **平均冠幅**
  14.5米

樟 树

028111600001

- 学名　*Cinnamomum camphora* (Linn.) Presl
- 科　　樟科
- 属　　樟属

- 位置　余姚市河姆渡镇芦山寺村金吾庙门前
  - 经度　121.360989°E
  - 纬度　29.967856°N

- 古树等级
  一级

- 树龄
  515年

- 树高
  12米

- 胸围
  650厘米

- 平均冠幅
  9.5米

樟 树

028111600002

- 学名　*Cinnamomum camphora* (Linn.) Presl
- 位置　余姚市河姆渡镇芦山寺村金吾庙门前

科　樟科　　　属　樟属
经度　121.360953°E　　纬度　29.96779°N

- 古树等级
  一级

- 树龄
  515年

- 树高
  14米

- 胸围
  420厘米

- 平均冠幅
  13米

余姚市河姆渡镇古树

银 杏

028111600003

🌿 **学名** *Ginkgo biloba* Linn.
　　科　　银杏科
　　属　　银杏属

📍 **位置**　余姚市河姆渡镇芦山寺村芦山寺院内
　　经度　121.36475278° E
　　纬度　29.96707778° N

📋 **古树等级**
　　一级

⏳ **树龄**
　　1005年

↕ **树高**
　　25米

◎ **胸围**
　　415厘米

◎ **平均冠幅**
　　18.5米

樟 树

028131600004

🌿 **学名** *Cinnamomum camphora* (Linn.) Presl
　　科　　樟科
　　属　　樟属

📍 **位置**　余姚市河姆渡镇五联村青龙山菜场溪边
　　经度　121.25322222° E
　　纬度　29.94860556° N

📋 **古树等级**
　　三级

⏳ **树龄**
　　215年

↕ **树高**
　　17米

◎ **胸围**
　　450厘米

◎ **平均冠幅**
　　20米

樟 树

🌳 **学名** *Cinnamomum camphora* (Linn.) Presl
科 樟科
属 樟属

📍 **位置** 余姚市河姆渡镇五联村青龙山42号门前
经度 121.25227222°E
纬度 29.94983333°N

028131600005

📋 **古树等级**
三级

⏳ **树龄**
115年

🌲 **树高**
19米

🌳 **胸围**
265厘米

🎯 **平均冠幅**
20.5米

樟 树

🌳 **学名** *Cinnamomum camphora* (Linn.) Presl
科 樟科
属 樟属

📍 **位置** 余姚市河姆渡镇五联村姆岭
经度 121.268661°E
纬度 29.955184°N

028131600006

📋 **古树等级**
三级

⏳ **树龄**
115年

🌲 **树高**
17.5米

🌳 **胸围**
245厘米

🎯 **平均冠幅**
15.5米

樟 树

028131600007

🌱 **学名** *Cinnamomum camphora* (Linn.) Presl
　　科　　樟科
　　属　　樟属

📍 **位置**　余姚市河姆渡镇五联村姆岭
　　经度　121.26951°E
　　纬度　29.955296°N

🏛 **古树等级**
三级

⏳ **树龄**
115年

↕ **树高**
19米

◎ **胸围**
430厘米

◎ **平均冠幅**
20米

樟 树

028131600008

🌱 **学名** *Cinnamomum camphora* (Linn.) Presl　　**科**　樟科　　**属**　樟属
📍 **位置**　余姚市河姆渡镇五联村姆岭公交站旁　　**经度**　121.269658°E　　**纬度**　29.955283°N

🏛 **古树等级**
三级

⏳ **树龄**
115年

↕ **树高**
19米

◎ **胸围**
275厘米

◎ **平均冠幅**
20米

余姚市河姆渡镇古树

枫 杨

🌳 **学名** *Pterocarya stenoptera* C. DC.　　　**科**　胡桃科　**属**　枫杨属
📍 **位置** 余姚市河姆渡镇五联村史家50号门前　**经度** 121.298469°E　**纬度** 29.95883°N

028131600009

余姚市河姆渡镇古树

古树等级
三级

树龄
115年

树高
18米

胸围
310厘米

平均冠幅
18米

156

银 杏

028121600010

- 🌳 **学名** *Ginkgo biloba* Linn.
- **科** 银杏科
- **属** 银杏属

- 📍 **位置** 余姚市河姆渡镇车厩村北区189号对面
- **经度** 121.308463°E
- **纬度** 29.977903°N

- 🏷️ **古树等级** 二级
- ⏳ **树龄** 315年
- ⚙️ **树高** 19米
- ◎ **胸围** 380厘米
- ◉ **平均冠幅** 9.5米

樟 树

028131600011

- 🌳 **学名** *Cinnamomum camphora* (Linn.) Presl
- **科** 樟科
- **属** 樟属
- 📍 **位置** 余姚市河姆渡镇河姆渡村徐家56号
- **经度** 121.311855°E
- **纬度** 29.939366°N

- 🏷️ **古树等级** 三级
- ⏳ **树龄** 115年
- ⚙️ **树高** 18.5米
- ◎ **胸围** 320厘米
- ◉ **平均冠幅** 22米

余姚市河姆渡镇古树

157

028131600012

樟 树

🌳 **学名** *Cinnamomum camphora* (Linn.) Presl
科 樟科
属 樟属

📍 **位置** 余姚市河姆渡镇河姆渡村上官帝庙前
经度 121.320786°E
纬度 29.943715°N

古树等级
三级

树龄
215年

树高
20米

胸围
345厘米

平均冠幅
20.5米

028131600013

樟 树

🌳 **学名** *Cinnamomum camphora* (Linn.) Presl
科 樟科
属 樟属

📍 **位置** 余姚市河姆渡镇河姆渡村上官帝庙前
经度 121.32173°E
纬度 29.943801°N

古树等级
三级

树龄
115年

树高
20米

胸围
350厘米

平均冠幅
19米

樟 树

028111600014

- 🌱 **学名** *Cinnamomum camphora* (Linn.) Presl
  - **科** 樟科
  - **属** 樟属

- 📍 **位置** 余姚市河姆渡镇河姆渡村冯家屋门后
  - **经度** 121.33673056°E
  - **纬度** 29.95171111°N

- 🏛 **古树等级**
  一级

- ⏳ **树龄**
  515年

- 🌲 **树高**
  15米

- ◎ **胸围**
  595厘米

- ◎ **平均冠幅**
  18.5米

朴 树

028131600015

- 🌱 **学名** *Celtis sinensis* Pers.
  - **科** 榆科
  - **属** 朴属

- 📍 **位置** 余姚市河姆渡镇江中村童家2小区55号东侧
  - **经度** 121.32376944°E
  - **纬度** 29.98696111°N

- 🏛 **古树等级**
  三级

- ⏳ **树龄**
  170年

- 🌲 **树高**
  14米

- ◎ **胸围**
  203厘米

- ◎ **平均冠幅**
  14米

樟 树

028131600016

🌳 学名　*Cinnamomum camphora* (Linn.) Presl
　　科　　樟科
　　属　　樟属

📍 位置　余姚市河姆渡镇河姆渡村上官帝庙前
　　经度　121.321827°E
　　纬度　29.943895°N

🏷 古树等级
三级

⏳ 树龄
115年

🌲 树高
19米

◎ 胸围
298厘米

◉ 平均冠幅
12米

白 杜

028131600017

🌳 学名　*Euonymus maackii* Rupr.
　　科　　卫矛科
　　属　　卫矛属

📍 位置　余姚市河姆渡镇小泾浦村河西36号后竹林内
　　经度　121.341453°E
　　纬度　29.987619°N

🏷 古树等级
三级

⏳ 树龄
135年

🌲 树高
10米

◎ 胸围
140厘米

◉ 平均冠幅
6米

樟 树

028131600018

🌳 **学名** *Cinnamomum camphora* (Linn.) Presl
    科   樟科
    属   樟属

📍 **位置**   余姚市河姆渡镇罗江村白罗岙
    经度   121.369849°E
    纬度   29.969149°N

🏛 **古树等级**
三级

⏳ **树龄**
115年

🌲 **树高**
15.5米

🌲 **胸围**
205厘米

🍃 **平均冠幅**
7.5米

樟 树

028131600019

🌳 **学名** *Cinnamomum camphora* (Linn.) Presl
    科   樟科
    属   樟属

📍 **位置**   余姚市河姆渡镇罗江村白罗岙
    经度   121.369894°E
    纬度   29.969127°N

🏛 **古树等级**
三级

⏳ **树龄**
115年

🌲 **树高**
15.5米

🌲 **胸围**
240厘米

🍃 **平均冠幅**
10.5米

榧 树

- 学名　*Torreya grandis* Fort. ex Lindl.
  科　红豆杉科
  属　榧树属

- 位置　余姚市四明山镇梨洲村岭里
  经度　121.10233°E
  纬度　29.722374°N

028131700001

古树等级
三级

树龄
165年

树高
22米

胸围
200厘米

平均冠幅
10.5米

榧 树

- 学名　*Torreya grandis* Fort. ex Lindl.
  科　红豆杉科
  属　榧树属

- 位置　余姚市四明山镇梨洲村岭里
  经度　121.10222222°E
  纬度　29.72226667°N

028131700002

古树等级
三级

树龄
165年

树高
19.5米

胸围
195厘米

平均冠幅
10.5米

柳 杉

028131700003

学名 *Cryptomeria japonica* (L. f.) D.Don var. *sinensis* Sieb.

科 杉科

属 柳杉属

位置 余姚市四明山镇梨洲村岭里

经度 121.102084°E

纬度 29.72225°N

古树等级 三级

树龄 265年

树高 22米

胸围 228厘米

平均冠幅 7米

锥 栗

028131700004

学名 *Castanea henryi* (Skan) Rehd.et Wils.

科 壳斗科

属 栗属

位置 余姚市四明山镇梨洲村岭里

经度 121.10201389°E

纬度 29.72223333°N

古树等级 三级

树龄 115年

树高 14米

胸围 195厘米

平均冠幅 6米

柳 杉

028131700005

🌲 **学名** *Cryptomeria japonica* (L. f.) D.Don var. *sinensis* Sieb.

科 杉科

属 柳杉属

📍 **位置** 余姚市四明山镇梨洲村岭里

经度 121.10194722°E

纬度 29.722275°N

古树等级 三级

树龄 165年

树高 18米

胸围 139厘米

平均冠幅 7米

柳 杉

028131700006

🌲 **学名** *Cryptomeria japonica* (L. f.) D.Don var. *sinensis* Sieb.

科 杉科

属 柳杉属

📍 **位置** 余姚市四明山镇梨洲村岭里

经度 121.10194722°E

纬度 29.72227222°N

古树等级 三级

树龄 165年

树高 19米

胸围 143厘米

平均冠幅 6.5米

柳 杉

🌱 **学名** *Cryptomeria japonica* (L. f.) D.Don var. *sinensis* Sieb.

　　科 杉科

　　属 柳杉属

📍 **位置** 余姚市四明山镇梨洲村岭里

　　经度 121.101669°E

　　纬度 29.722317°N

古树等级
三级

树龄
265年

树高
16.5米

胸围
200厘米

平均冠幅
11米

榧 树

🌱 **学名** *Torreya grandis* Fort. ex Lindl.

　　科 红豆杉科

　　属 榧树属

📍 **位置** 余姚市四明山镇梨洲村岭里

　　经度 121.10372778°E

　　纬度 29.72501944°N

古树等级
三级

树龄
165年

树高
17米

胸围
210厘米

平均冠幅
7米

枫香

🌳 **学名** *Liquidambar formosana* Hance
　　科　金缕梅科
　　属　枫香树属

📍 **位置**　余姚市四明山镇梨洲村庙下
　　经度　121.107002°E
　　纬度　29.732262°N

028121700009

🏷 **古树等级**
二级

⏳ **树龄**
315年

📏 **树高**
21米

◎ **胸围**
305厘米

◎ **平均冠幅**
8.5米

柳杉

🌳 **学名** *Cryptomeria japonica* (L. f.) D.Don var.
　　　　sinensis Sieb.
　　科　杉科
　　属　柳杉属

📍 **位置**　余姚市四明山镇梨洲村庙下
　　经度　121.107179°E
　　纬度　29.732393°N

028131700010

🏷 **古树等级**
三级

⏳ **树龄**
215年

📏 **树高**
11.5米

◎ **胸围**
200厘米

◎ **平均冠幅**
7米

柳 杉

028131700011

- 学名　*Cryptomeria japonica* (L. f.) D.Don var. *sinensis* Sieb.
- 科　　杉科
- 属　　柳杉属

- 位置　余姚市四明山镇梨洲村庙下
- 经度　121.10722°E
- 纬度　29.732544°N

- 古树等级　三级
- 树龄　115年
- 树高　17.5米
- 胸围　190厘米
- 平均冠幅　7米

金钱松

028131700012

- 学名　*Pseudolarix amabilis* (Nelson) Rehd.
- 科　　松科
- 属　　金钱松属

- 位置　余姚市四明山镇梨洲村庙下
- 经度　121.107364°E
- 纬度　29.732402°N

- 古树等级　三级
- 树龄　115年
- 树高　26米
- 胸围　235厘米
- 平均冠幅　10米

玉 兰

🌳 **学名** *Magnolia denudata* Desr.
　科 木兰科
　属 木兰属

📍 **位置** 余姚市四明山镇梨洲村寺前
　经度 121.112094°E
　纬度 29.736571°N

🏷 **古树等级**
三级

⏳ **树龄**
215年

🌿 **树高**
12.5米

🌀 **胸围**
270厘米

🍃 **平均冠幅**
10米

银 杏

🌳 **学名** *Ginkgo biloba* Linn.
　科 银杏科
　属 银杏属

📍 **位置** 余姚市四明山镇悬岩村村路口
　经度 121.032488°E
　纬度 29.758278°N

🏷 **古树等级**
二级

⏳ **树龄**
365年

🌿 **树高**
26米

🌀 **胸围**
360厘米

🍃 **平均冠幅**
17米

枫 香

🌳 **学名** *Liquidambar formosana* Hance   **科** 金缕梅科   **属** 枫香树属

📍 **位置** 余姚市四明山镇悬岩村村后   **经度** 121.032319°E   **纬度** 29.759655°N

028121700015

🏷 **古树等级**
二级

⏳ **树龄**
365年

📏 **树高**
34米

⭕ **胸围**
440厘米

◎ **平均冠幅**
28米

柳 杉

028131700016

🌳 **学名** *Cryptomeria japonica* (L. f.) D.Don var. *sinensis* Sieb.

科 杉科

属 柳杉属

📍 **位置** 余姚市四明山镇大山村大山鸟洞口头8号

经度 121.049342°E

纬度 29.760489°N

🏷 **古树等级**
三级

⏳ **树龄**
115年

📏 **树高**
12.5米

⭕ **胸围**
132厘米

◎ **平均冠幅**
5米

金钱松

🌲 **学名** *Pseudolarix amabilis* (Nelson) Rehd.
　科 松科
　属 金钱松属

📍 **位置** 余姚市四明山镇大山村朱曹平头
　经度 121.042501°E
　纬度 29.762969°N

古树等级
三级

树龄
165年

树高
17米

胸围
210厘米

平均冠幅
10.5米

柳 杉

🌲 **学名** *Cryptomeria japonica* (L. f.) D.Don var. *sinensis* Sieb.
　科 杉科
　属 柳杉属

📍 **位置** 余姚市四明山镇大山村朱曹平头
　经度 121.042528°E
　纬度 29.762978°N

古树等级
三级

树龄
115年

树高
16米

胸围
160厘米

平均冠幅
4米

金钱松

028131700019

🌿 **学名** *Pseudolarix amabilis* (Nelson) Rehd.
　　科　松科
　　属　金钱松属

📍 **位置**　余姚市四明山镇大山村朱曹平头
　　经度　121.04247°E
　　纬度　29.762441°N

🏛 **古树等级**
三级

⧗ **树龄**
115年

↕ **树高**
14米

◎ **胸围**
145厘米

◎ **平均冠幅**
10米

金钱松

028131700020

🌿 **学名** *Pseudolarix amabilis* (Nelson) Rehd.
　　科　松科
　　属　金钱松属

📍 **位置**　余姚市四明山镇大山村朱曹平头
　　经度　121.042494°E
　　纬度　29.762463°N

🏛 **古树等级**
三级

⧗ **树龄**
115年

↕ **树高**
16米

◎ **胸围**
165厘米

◎ **平均冠幅**
7米

金钱松

028131700021

🌲 **学名** *Pseudolarix amabilis* (Nelson) Rehd.
　 科 松科
　 属 金钱松属

📍 **位置** 余姚市四明山镇大山村朱曹平头
　 经度 121.042392°E
　 纬度 29.762475°N

📋 **古树等级**
三级

⏳ **树龄**
115年

📏 **树高**
15米

◎ **胸围**
170厘米

◎ **平均冠幅**
9米

金钱松

028131700022

🌲 **学名** *Pseudolarix amabilis* (Nelson) Rehd.
　 科 松科
　 属 金钱松属

📍 **位置** 余姚市四明山镇大山村朱曹平头
　 经度 121.042736°E
　 纬度 29.762385°N

📋 **古树等级**
三级

⏳ **树龄**
115年

📏 **树高**
16米

◎ **胸围**
160厘米

◎ **平均冠幅**
9米

金钱松

🌳 **学名** *Pseudolarix amabilis* (Nelson) Rehd.
　科　松科
　属　金钱松属

📍 **位置**　余姚市四明山镇大山村朱曹平头
　经度　121.042746°E
　纬度　29.762547°N

028131700023

📋 **古树等级**
三级

⏳ **树龄**
115年

↕ **树高**
16米

◎ **胸围**
150厘米

◉ **平均冠幅**
9.5米

金钱松

🌳 **学名** *Pseudolarix amabilis* (Nelson) Rehd.
　科　松科
　属　金钱松属

📍 **位置**　余姚市四明山镇大山村朱曹平头
　经度　121.042779°E
　纬度　29.762552°N

028131700024

📋 **古树等级**
三级

⏳ **树龄**
135年

↕ **树高**
16.5米

◎ **胸围**
165厘米

◉ **平均冠幅**
8.5米

金钱松

028131700025

学名 *Pseudolarix amabilis* (Nelson) Rehd.
科 松科
属 金钱松属

位置 余姚市四明山镇大山村朱曹平头
经度 121.042753°E
纬度 29.76279°N

古树等级
三级

树龄
115年

树高
16米

胸围
190厘米

平均冠幅
7.5米

小叶青冈

028131700026

学名 *Cyclobalanopsis myrsinifolia* (Blume) Oersted
科 壳斗科
属 青冈属

位置 余姚市四明山镇杨湖村西湖头
经度 121.03071111°E
纬度 29.69770278°N

古树等级
三级

树龄
215年

树高
12米

胸围
155厘米

平均冠幅
8米

枫 香

028131700027

🌿 **学名** *Liquidambar formosana* Hance
　科　金缕梅科
　属　枫香树属

📍 **位置**　余姚市四明山镇杨湖村西湖头
　经度　121.03077222°E
　纬度　29.69768611°N

🏷 **古树等级**
三级

⏳ **树龄**
215年

📏 **树高**
17米

🌀 **胸围**
170厘米

◎ **平均冠幅**
5.5米

光叶榉

028131700028

🌿 **学名** *Zelkova serrata* (Thunb.) Makino
　科　榆科
　属　榉属

📍 **位置**　余姚市四明山镇杨湖村西湖头
　经度　121.030698°E
　纬度　29.697624°N

🏷 **古树等级**
三级

⏳ **树龄**
165年

📏 **树高**
11米

🌀 **胸围**
145厘米

◎ **平均冠幅**
7米

枫 香

🌳 **学名** *Liquidambar formosana* Hance
　　科　　金缕梅科
　　属　　枫香树属

📍 **位置**　余姚市四明山镇杨湖村西湖头
　　经度　121.03068611°E
　　纬度　29.69771111°N

028131700029

古树等级
三级

树龄
215年

树高
20米

胸围
140厘米

平均冠幅
8.5米

枫 香

🌳 **学名** *Liquidambar formosana* Hance
　　科　　金缕梅科
　　属　　枫香树属

📍 **位置**　余姚市四明山镇杨湖村西湖头
　　经度　121.03067°E
　　纬度　29.697811°N

028131700030

古树等级
三级

树龄
265年

树高
23米

胸围
220厘米

平均冠幅
9米

光叶榉

🌿 **学名** *Zelkova serrata* (Thunb.) Makino
　　科　榆科
　　属　榉属

📍 **位置**　余姚市四明山镇杨湖村西湖头
　　经度　121.030678°E
　　纬度　29.697766°N

古树等级
三级

树龄
215年

树高
23米

胸围
180厘米

平均冠幅
15米

马尾松

028131700032

🌿 **学名** *Pinus massoniana* Lamb.
　　科　松科
　　属　松属

📍 **位置**　余姚市四明山镇杨湖村田螺里
　　经度　121.035378°E
　　纬度　29.700674°N

古树等级
三级

树龄
215年

树高
25米

胸围
230厘米

平均冠幅
8米

柳 杉

028131700033

学名　*Cryptomeria japonica* (L. f.) D.Don var. *sinensis* Sieb.

科　　杉科

属　　柳杉属

位置　余姚市四明山镇平莲村平坑

经度　121.070232°E

纬度　29.717904°N

古树等级
三级

树龄
115年

树高
12.5米

胸围
138厘米

平均冠幅
5.5米

柳 杉

028131700034

学名　*Cryptomeria japonica* (L. f.) D.Don var. *sinensis* Sieb.

科　　杉科

属　　柳杉属

位置　余姚市四明山镇平莲村平坑

经度　121.07020556°E

纬度　29.717775°N

古树等级
三级

树龄
215年

树高
11米

胸围
165厘米

平均冠幅
8米

金钱松

028131700035

🌲 **学名** *Pseudolarix amabilis* (Nelson) Rehd.
　 科 松科
　 属 金钱松属

📍 **位置** 余姚市四明山镇平莲村平坑
　 经度 121.07015278°E
　 纬度 29.71769722°N

🏷 古树等级
三级

⏳ 树龄
115年

📏 树高
19米

🔘 胸围
145厘米

◎ 平均冠幅
9米

金钱松

028121700036

🌲 **学名** *Pseudolarix amabilis* (Nelson) Rehd.
　 科 松科
　 属 金钱松属

📍 **位置** 余姚市四明山镇平莲村平坑
　 经度 121.070197°E
　 纬度 29.717722°N

🏷 古树等级
二级

⏳ 树龄
315年

📏 树高
22米

🔘 胸围
255厘米

◎ 平均冠幅
13米

刺 楸

028131700037

🌳 **学名** *Kalopanax septemlobus* (Thunb.) Koidz.
　　科 五加科
　　属 刺楸属

📍 **位置** 余姚市四明山镇平莲村平坑
　　经度 121.070027°E
　　纬度 29.717711°N

古树等级
三级

树龄
165年

树高
15米

胸围
190厘米

平均冠幅
8.5米

柳 杉

028131700038

🌳 **学名** *Cryptomeria japonica* (L. f.) D.Don var.
　　　　sinensis Sieb.
　　科 杉科
　　属 柳杉属

📍 **位置** 余姚市四明山镇平莲村平坑
　　经度 121.070112°E
　　纬度 29.717773°N

古树等级
三级

树龄
215年

树高
16米

胸围
188厘米

平均冠幅
7米

金钱松

028121700039

- 学名　*Pseudolarix amabilis* (Nelson) Rehd.
- 科　　松科
- 属　　金钱松属

- 位置　余姚市四明山镇平莲村平坑
- 经度　121.070109°E
- 纬度　29.717635°N

- 古树等级　二级
- 树龄　315年
- 树高　18米
- 胸围　235厘米
- 平均冠幅　14米

柳 杉

028121700040

- 学名　*Cryptomeria japonica* (L. f.) D.Don var. *sinensis* Sieb.
- 科　　杉科
- 属　　柳杉属

- 位置　余姚市四明山镇平莲村平坑
- 经度　121.07036°E
- 纬度　29.717816°N

- 古树等级　二级
- 树龄　315年
- 树高　9米
- 胸围　310厘米
- 平均冠幅　8米

金钱松

028111700041

🌲 学名 *Pseudolarix amabilis* (Nelson) Rehd.
　科　　松科
　属　　金钱松属

📍 位置　余姚市四明山镇芦田村大养山
　经度　121.02351944°E
　纬度　29.73680833°N

🔖 古树等级
一级

⏳ 树龄
565年

🌲 树高
29米

◎ 胸围
300厘米

◎ 平均冠幅
13米

金钱松

028121700042

🌲 学名 *Pseudolarix amabilis* (Nelson) Rehd.
　科　　松科
　属　　金钱松属

📍 位置　余姚市四明山镇芦田村大养山
　经度　121.023303°E
　纬度　29.736811°N

🔖 古树等级
二级

⏳ 树龄
465年

🌲 树高
14米

◎ 胸围
240厘米

◎ 平均冠幅
9米

枫 香

028131700043

🌿 **学名** *Liquidambar formosana* Hance
　科　金缕梅科
　属　枫香树属

📍 **位置**　余姚市四明山镇芦田村龙头里
　经度　121.023347°E
　纬度　29.736275°N

🏷 **古树等级**
三级

⏳ **树龄**
165年

🔝 **树高**
17米

⭕ **胸围**
180厘米

◎ **平均冠幅**
7米

金钱松

028111700044

🌿 **学名** *Pseudolarix amabilis* (Nelson) Rehd.
　科　松科
　属　金钱松属

📍 **位置**　余姚市四明山镇芦田村龙头里
　经度　121.023398°E
　纬度　29.736179°N

🏷 **古树等级**
一级

⏳ **树龄**
715年

🔝 **树高**
19.5米

⭕ **胸围**
380厘米

◎ **平均冠幅**
10米

枫 香

028121700045

🌳 **学名** *Liquidambar formosana* Hance
　科 金缕梅科
　属 枫香树属

📍 **位置** 余姚市四明山镇芦田村龙头里
　经度 121.023504°E
　纬度 29.736116°N

🏷 **古树等级**
二级

⏳ **树龄**
315年

🌲 **树高**
19.5米

🟤 **胸围**
232厘米

⊙ **平均冠幅**
11.5米

枫 香

028121700046

🌳 **学名** *Liquidambar formosana* Hance
　科 金缕梅科
　属 枫香树属

📍 **位置** 余姚市四明山镇芦田村大养山
　经度 121.023423°E
　纬度 29.736944°N

🏷 **古树等级**
二级

⏳ **树龄**
315年

🌲 **树高**
20米

🟤 **胸围**
190厘米

⊙ **平均冠幅**
9米

玉 兰

学名 *Magnolia denudata* Desr.
科 木兰科
属 木兰属

位置 余姚市四明山镇芦田村大养山
经度 121.02354°E
纬度 29.736965°N

028131700047

古树等级
三级

树龄
115年

树高
16米

胸围
190厘米

平均冠幅
10米

玉 兰

学名 *Magnolia denudata* Desr.
科 木兰科
属 木兰属

位置 余姚市四明山镇芦田村大养山
经度 121.023342°E
纬度 29.73694°N

028131700048

古树等级
三级

树龄
115年

树高
14.5米

胸围
152厘米

平均冠幅
9.5米

余姚市四明山镇古树

枫 香

🌲 学名 *Liquidambar formosana* Hance
科 金缕梅科
属 枫香树属

📍 位置 余姚市四明山镇芦田村村背后
经度 121.02278056°E
纬度 29.73542222°N

028131700049

古树等级
三级

树龄
115年

树高
22米

胸围
245厘米

平均冠幅
8.5米

枫 香

🌲 学名 *Liquidambar formosana* Hance
科 金缕梅科
属 枫香树属

📍 位置 余姚市四明山镇芦田村水塘头
经度 121.022486°E
纬度 29.736114°N

028131700050

古树等级
三级

树龄
115年

树高
15米

胸围
165厘米

平均冠幅
8米

刺 楸

028131700051

- 学名 *Kalopanax septemlobus* (Thunb.) Koidz.
- 科　五加科
- 属　刺楸属

- 位置　余姚市四明山镇芦田村水塘头
- 经度　121.02205°E
- 纬度　29.736368°N

古树等级
三级

树龄
165年

树高
13米

胸围
220厘米

平均冠幅
5.5米

金钱松

028111700052

- 学名 *Pseudolarix amabilis* (Nelson) Rehd.
- 科　松科
- 属　金钱松属

- 位置　余姚市四明山镇芦田村桃尖里
- 经度　121.024199°E
- 纬度　29.736448°N

古树等级
一级

树龄
615年

树高
23米

胸围
360厘米

平均冠幅
15.5米

朴 树

028121700053

🌳 学名　*Celtis sinensis* Pers.　　　　科　榆科　　　　属　朴属
📍 位置　余姚市四明山镇芦田村小养山　　经度　121.025345°E　　纬度　29.737082°N

📓 古树等级
二级

⏳ 树龄
365年

🌲 树高
11米

🌲 胸围
205厘米

🌲 平均冠幅
12米

金钱松

028131700054

🌳 学名　*Pseudolarix amabilis* (Nelson) Rehd.
　　科　松科
　　属　金钱松属

📍 位置　余姚市四明山镇芦田村水库边
　　经度　121.02469722°E
　　纬度　29.733275°N

📓 古树等级
三级

⏳ 树龄
135年

🌲 树高
19米

🌲 胸围
222厘米

🌲 平均冠幅
10.5米

金钱松

学名	*Pseudolarix amabilis* (Nelson) Rehd.	科	松科	属	金钱松属
位置	余姚市四明山镇芦田村芦田桥口	经度	121.02405°E	纬度	29.73300833°N

D028111700055

古树等级
一级

树龄
660年

树高
11米

胸围
353厘米

平均冠幅
0米

锥 栗

学名	*Castanea henryi* (Skan) Rehd.et Wils.	科	壳斗科	属	栗属
位置	余姚市四明山镇梨洲村庙前背	经度	121.111425°E	纬度	29.73200833°N

028131700056

古树等级
三级

树龄
115年

树高
16米

胸围
230厘米

平均冠幅
12米

锥 栗

028131700057

🌳 **学名** *Castanea henryi* (Skan) Rehd.et Wils.
　科　壳斗科
　属　栗属

📍 **位置**　余姚市四明山镇梨洲村庙前背
　经度　121.111286°E
　纬度　29.731472°N

📖 **古树等级**
三级

⏳ **树龄**
165年

📏 **树高**
24米

◎ **胸围**
225厘米

◎ **平均冠幅**
8.5米

锥 栗

028131700058

🌳 **学名** *Castanea henryi* (Skam) Rehd.et Wils.
　科　壳斗科
　属　栗属

📍 **位置**　余姚市四明山镇梨洲村庙前背
　经度　121.11148611°E
　纬度　29.73161944°N

📖 **古树等级**
三级

⏳ **树龄**
265年

📏 **树高**
21米

◎ **胸围**
250厘米

◎ **平均冠幅**
11.5米

白 栎

028131700059

- 学名　*Quercus fabri* Hance
  - 科　　壳斗科
  - 属　　栎属

- 位置　余姚市四明山镇梨洲村庙前背
  - 经度　121.111534°E
  - 纬度　29.731526°N

古树等级
三级

树龄
215年

树高
19米

胸围
150厘米

平均冠幅
9米

甜 槠

028131700060

- 学名　*Castanopsis eyrei* (Champ. ex Benth.) Tutch.
  - 科　　壳斗科
  - 属　　锥属

- 位置　余姚市四明山镇梨洲村庙前背
  - 经度　121.11171389°E
  - 纬度　29.73145556°N

古树等级
三级

树龄
165年

树高
18米

胸围
200厘米

平均冠幅
9米

锥 栗

🌳 学名　*Castanea henryi* (Skam) Rehd.et Wils.
　　科　　壳斗科
　　属　　栗属

📍 位置　余姚市四明山镇梨洲村庙前背
　　经度　121.11171944°E
　　纬度　29.73155556°N

028131700061

古树等级
三级

树龄
265年

树高
18米

胸围
210厘米

平均冠幅
9米

枫 香

🌳 学名　*Liquidambar formosana* Hance
　　科　　金缕梅科
　　属　　枫香树属

📍 位置　余姚市四明山镇梨洲村后山
　　经度　121.110014°E
　　纬度　29.731607°N

028121700062

古树等级
二级

树龄
315年

树高
22米

胸围
290厘米

平均冠幅
10.5米

枫 香

028121700063

- 学名　*Liquidambar formosana* Hance
  - 科　金缕梅科
  - 属　枫香树属

- 位置　余姚市四明山镇梨洲村后山
  - 经度　121.10995556°E
  - 纬度　29.73151944°N

- 古树等级　二级
- 树龄　365年
- 树高　20米
- 胸围　300厘米
- 平均冠幅　15.5米

榧 树

028121700064

- 学名　*Torreya grandis* Fort. ex Lindl.
  - 科　红豆杉科
  - 属　榧树属

- 位置　余姚市四明山镇梨洲村后山
  - 经度　121.109943°E
  - 纬度　29.731481°N

- 古树等级　二级
- 树龄　315年
- 树高　15米
- 胸围　180厘米
- 平均冠幅　10.5米

榧 树

028121700065

- 学名　*Torreya grandis* Fort. ex Lindl.
- 科　　红豆杉科
- 属　　榧树属

- 位置　余姚市四明山镇梨洲村庙下
  经度　121.108014°E
  纬度　29.731386°N

古树等级
二级

树龄
315年

树高
20米

胸围
300厘米

平均冠幅
14米

榧 树

028131700066

- 学名　*Torreya grandis* Fort. ex Lindl.
- 科　　红豆杉科
- 属　　榧树属

- 位置　余姚市四明山镇梨洲村庙下
  经度　121.10817222°E
  纬度　29.73124167°N

古树等级
三级

树龄
165年

树高
15米

胸围
180厘米

平均冠幅
5米

柳 杉

学名 *Cryptomeria japonica* (L. f.) D.Don var. *sinensis* Sieb.

科 杉科

属 柳杉属

位置 余姚市四明山镇梨洲村庙下

经度 121.108015°E

纬度 29.731169°N

028131700067

古树等级 三级

树龄 115年

树高 21米

胸围 175厘米

平均冠幅 7米

柳 杉

学名 *Cryptomeria japonica* (L. f.) D.Don var. *sinensis* Sieb.

科 杉科

属 柳杉属

位置 余姚市四明山镇梨洲村庙下

经度 121.108316°E

纬度 29.731227°N

028131700068

古树等级 三级

树龄 115年

树高 12米

胸围 155厘米

平均冠幅 4.5米

榧 树

028131700069

- 🌳 学名　*Torreya grandis* Fort. ex Lindl.
- 科　　红豆杉科
- 属　　榧树属

- 📍 位置　余姚市四明山镇梨洲村庙下
- 经度　121.108003°E
- 纬度　29.731603°N

- 🏛 古树等级
  三级

- ⏳ 树龄
  265年

- 🌲 树高
  16米

- ◎ 胸围
  180厘米

- ◎ 平均冠幅
  5米

枫 香

028131700070

- 🌳 学名　*Torreya grandis* Fort. ex Lindl.
- 科　　金缕梅科
- 属　　枫香树属

- 📍 位置　余姚市四明山镇北溪村黄泥岭头
- 经度　121.133482°E
- 纬度　29.741564°N

- 🏛 古树等级
  三级

- ⏳ 树龄
  265年

- 🌲 树高
  24米

- ◎ 胸围
  280厘米

- ◎ 平均冠幅
  10.5米

圆 柏

028121700071

- 学名 *Sabina chinensis* (Linn.) Ant.
- 科　柏科
- 属　圆柏属

- 位置　余姚市四明山镇北溪村毕群里
  - 经度　121.13484722°E
  - 纬度　29.74394722°N

- 古树等级
  二级

- 树龄
  315年

- 树高
  14米

- 胸围
  260厘米

- 平均冠幅
  8米

银 杏

028111700072

- 学名 *Ginkgo biloba* Linn.　　　科　银杏科　　　属　银杏属
- 位置　余姚市四明山镇北溪村仁政桥边　　经度　121.131881°E　　纬度　29.741534°N

- 古树等级
  一级

- 树龄
  515年

- 树高
  23米

- 胸围
  500厘米

- 平均冠幅
  16米

银 杏

- 学名　*Ginkgo biloba* Linn.
- 科　　银杏科
- 属　　银杏属

- 位置　余姚市四明山镇北溪村仁政桥边
- 经度　121.13170278°E
- 纬度　29.74148611°N

028111700073

古树等级
一级

树龄
515年

树高
30米

胸围
350厘米

平均冠幅
17.5米

枫 杨

- 学名　*Pterocarya stenoptera* C. DC.
- 位置　余姚市四明山镇北溪村仁政桥边

- 科　　胡桃科
- 经度　121.131315°E

- 属　　枫杨属
- 纬度　29.74153°N

028111700074

古树等级
一级

树龄
515年

树高
25米

胸围
450厘米

平均冠幅
26米

枫 杨

🌳 **学名** *Pterocarya stenoptera* C. DC.

📍 **位置** 余姚市四明山镇北溪村仁政桥边

科 胡桃科   **属** 枫杨属

经度 121.131219°E   **纬度** 29.741493°N

028111700075

古树等级 一级

树龄 515年

树高 27米

胸围 500厘米

平均冠幅 25.5米

枫 香

🌳 **学名** *Liquidambar formosana* Hance

科 金缕梅科

属 枫香树属

📍 **位置** 余姚市四明山镇北溪村江夏头

经度 121.132496°E

纬度 29.7425°N

028111700076

古树等级 一级

树龄 515年

树高 28米

胸围 500厘米

平均冠幅 11米

榧 树

🌲 学名　*Torreya grandis* Fort. ex Lindl.
科　　红豆杉科
属　　榧树属

📍 位置　余姚市四明山镇北溪村庙背后
经度　121.131547°E
纬度　29.740016°N

028121700077

🏛 古树等级
二级

⏳ 树龄
365年

🌲 树高
18米

🌀 胸围
245厘米

◎ 平均冠幅
6米

枫 香

🌲 学名　*Liquidambar formosana* Hance
科　　金缕梅科
属　　枫香树属

📍 位置　余姚市四明山镇北溪村庙背后
经度　121.129444°E
纬度　29.741326°N

028121700078

🏛 古树等级
二级

⏳ 树龄
315年

🌲 树高
27米

🌀 胸围
300厘米

◎ 平均冠幅
13米

柳 杉

- 学名　*Cryptomeria japonica* (L. f.) D.Don var. *sinensis* Sieb.
- 科　　杉科
- 属　　柳杉属

- 位置　余姚市四明山镇北溪村庙背后
  - 经度　121.129655°E
  - 纬度　29.741283°N

古树等级
二级

树龄
315年

树高
17米

胸围
300厘米

平均冠幅
7.5米

枫 香

- 学名　*Liquidambar formosana* Hance
- 科　　金缕梅科
- 属　　枫香树属

- 位置　余姚市四明山镇北溪村庙背后
  - 经度　121.129735°E
  - 纬度　29.741086°N

古树等级
二级

树龄
315年

树高
22米

胸围
400厘米

平均冠幅
10米

余姚市四明山镇古树

枫 香

028131700081

- 学名 *Liquidambar formosana* Hance
  科　金缕梅科
  属　枫香树属

- 位置　余姚市四明山镇北溪村庙背后
  经度　121.129586°E
  纬度　29.741139°N

古树等级
三级

树龄
265年

树高
23米

胸围
250厘米

平均冠幅
8米

枫 香

028131700082

- 学名 *Liquidambar formosana* Hance
  科　金缕梅科
  属　枫香树属

- 位置　余姚市四明山镇北溪村庙背后
  经度　121.129539°E
  纬度　29.741229°N

古树等级
三级

树龄
265年

树高
25米

胸围
240厘米

平均冠幅
7.5米

枫 香

- 学名　*Liquidambar formosana* Hance
- 科　　金缕梅科
- 属　　枫香树属

- 位置　余姚市四明山镇北溪村庙背后
- 经度　121.129525°E
- 纬度　29.741248°N

古树等级
三级

树龄
165年

树高
24米

胸围
220厘米

平均冠幅
8.5米

榧 树

- 学名　*Torreya grandis* Fort. ex Lindl.
- 科　　红豆杉科
- 属　　榧树属

- 位置　余姚市四明山镇茶培村石板坑
- 经度　121.17971111°E
- 纬度　29.73311111°N

古树等级
三级

树龄
105年

树高
15米

胸围
145厘米

平均冠幅
5.5米

余姚市四明山镇古树

榧 树

028131700085

- 学名　*Torreya grandis* Fort. ex Lindl.
  - 科　　红豆杉科
  - 属　　榧树属

- 位置　余姚市四明山镇茶培村石板坑
  - 经度　121.17974444°E
  - 纬度　29.73307778°N

古树等级
三级

树龄
105年

树高
16米

胸围
135厘米

平均冠幅
7.5米

榧 树

028131700086

- 学名　*Torreya grandis* Fort. ex Lindl.
  - 科　　红豆杉科
  - 属　　榧树属

- 位置　余姚市四明山镇茶培村石板坑
  - 经度　121.179712°E
  - 纬度　29.733039°N

古树等级
三级

树龄
105年

树高
14米

胸围
130厘米

平均冠幅
6米

榧 树

028131700087

🌿 **学名** *Torreya grandis* Fort. ex Lindl.
　科 红豆杉科
　属 榧树属

📍 **位置** 余姚市四明山镇茶培村石板坑
　经度 121.179762°E
　纬度 29.732986°N

古树等级
三级

树龄
105年

树高
15米

胸围
170厘米

平均冠幅
9米

金钱松

028111700088

🌿 **学名** *Pseudolarix amabilis* (Nelson) Rehd.
　科 松科
　属 金钱松属

📍 **位置** 余姚市四明山镇茶培村平头西边窗门
　经度 121.159871°E
　纬度 29.720505°N

古树等级
一级

树龄
515年

树高
13米

胸围
360厘米

平均冠幅
6.5米

028131700089

青钱柳

🏷 **学名** *Cyclocarya paliurus* (Batal.) Iljinsk.　　**科** 胡桃科　　**属** 青钱柳属

📍 **位置** 余姚市四明山镇茶培村平头西边窗门　　**经度** 121.159825°E　　**纬度** 29.720402°N

🏛 **古树等级**
三级

⏳ **树龄**
215年

树高
16米

胸围
230厘米

平均冠幅
16米

圆 柏

🏷 **学名** *Sabina chinensis* (Linn.) Ant.

科 柏科

属 圆柏属

📍 **位置** 余姚市四明山镇茶培村平头西边窗门

经度 121.159772°E

纬度 29.720385°N

028111700090

🏛 **古树等级**
一级

⏳ **树龄**
515年

树高
6米

胸围
235厘米

平均冠幅
7.5米

余姚市四明山镇古树

云山青冈

028131700091

- 学名　*Cyclobalanopsis sessilifolia* (Blume) Schott.
- 科　　壳斗科
- 属　　青冈属

- 位置　余姚市四明山镇茶培村马路边
- 经度　121.145069°E
- 纬度　29.725762°N

- 古树等级　三级
- 树龄　135年
- 树高　10米
- 胸围　225厘米
- 平均冠幅　9米

南方红豆杉

028131700092

- 学名　*Taxus wallichiana* Zucc. var. *mairei* (Lemée et Lévl.) L. K. Fu et Nan Li
- 科　　红豆杉科
- 属　　红豆杉属

- 位置　余姚市四明山镇北溪村树三湾
- 经度　121.13557222°E
- 纬度　29.73881944°N

- 古树等级　三级
- 树龄　115年
- 树高　9米
- 胸围　170厘米
- 平均冠幅　6米

枫 香

- 学名 *Liquidambar formosana* Hance
  科　金缕梅科
  属　枫香树属

- 位置　余姚市四明山镇唐田村半岭庵
  经度　121.13037222°E
  纬度　29.68792778°N

古树等级
一级

树龄
616年

树高
27米

胸围
400厘米

平均冠幅
23米

枫 香

- 学名 *Liquidambar formosana* Hance
  科　金缕梅科
  属　枫香树属

- 位置　余姚市四明山镇唐田村高坪
  经度　121.11846389°E
  纬度　29.69921111°N

古树等级
二级

树龄
365年

树高
19米

胸围
320厘米

平均冠幅
9米

余姚市四明山镇古树

南方红豆杉

🌿 **学名**　*Taxus wallichiana* Zucc. var. *mairei*
　　　　(Lemée et Lévl.) L. K. Fu et Nan Li
　　科　　红豆杉科
　　属　　红豆杉属

📍 **位置**　余姚市四明山镇唐田村后门山
　　经度　121.119251°E
　　纬度　29.699788°N

🏛 **古树等级**
二级

⏳ **树龄**
315年

📏 **树高**
16米

◎ **胸围**
255厘米

◎ **平均冠幅**
7米

银　杏

🌿 **学名**　*Ginkgo biloba* Linn.
　　科　　银杏科
　　属　　银杏属

📍 **位置**　余姚市四明山镇唐田村后门山
　　经度　121.119681°E
　　纬度　29.700156°N

🏛 **古树等级**
三级

⏳ **树龄**
105年

📏 **树高**
23米

◎ **胸围**
185厘米

◎ **平均冠幅**
7.5米

银 杏

🌱 **学名** *Ginkgo biloba* Linn.
　科　银杏科
　属　银杏属

📍 **位置**　余姚市四明山镇唐田村后门山
　经度　121.119701°E
　纬度　29.700119°N

028111700097

古树等级
一级

树龄
515年

树高
26米

胸围
350厘米

平均冠幅
10米

南方红豆杉

🌱 **学名** *Taxus wallichiana* Zucc. var. *mairei*
　　　(Lemée et Lévl.) L. K. Fu et Nan Li
　科　红豆杉科
　属　红豆杉属

📍 **位置**　余姚市四明山镇唐田村老虎头
　经度　121.121194°E
　纬度　29.701426°N

028121700098

古树等级
二级

树龄
315年

树高
16米

胸围
230厘米

平均冠幅
5.5米

榧 树

🌿 **学名** *Torreya grandis* Fort. ex Lindl.
　　科 红豆杉科
　　属 榧树属

📍 **位置** 余姚市四明山镇唐田村老虎头
　　经度 121.121152°E
　　纬度 29.701456°N

028131700099

🏅 **古树等级**
三级

⏳ **树龄**
215年

🌲 **树高**
15米

⭕ **胸围**
175厘米

🌳 **平均冠幅**
5.5米

南方红豆杉

🌿 **学名** *Taxus wallichiana* Zucc. var. *mairei*
　　　　(Lemée et Lévl.) L. K. Fu et Nan Li
　　科 红豆杉科
　　属 红豆杉属

📍 **位置** 余姚市四明山镇唐田村屋基园
　　经度 121.121137°E
　　纬度 29.701578°N

028121700100

🏅 **古树等级**
二级

⏳ **树龄**
315年

🌲 **树高**
18米

⭕ **胸围**
250厘米

🌳 **平均冠幅**
9.5米

金钱松

028111700101

学名　*Pseudolarix amabilis* (Nelson) Rehd.
科　　松科
属　　金钱松属

位置　余姚市四明山镇唐田村下村
经度　121.120678°E
纬度　29.701224°N

古树等级
一级

树龄
515年

树高
23米

胸围
380厘米

平均冠幅
13米

柳　杉

028121700102

学名　*Cryptomeria japonica* (L. f.) D.Don var.
　　　sinensis Sieb.
科　　杉科
属　　柳杉属

位置　余姚市四明山镇唐田村下庙
经度　121.122505°E
纬度　29.701988°N

古树等级
二级

树龄
315年

树高
22米

胸围
270厘米

平均冠幅
10.5米

柳 杉

028131700103

学名 *Cryptomeria japonica* (L. f.) D.Don var. *sinensis* Sieb.
科 杉科
属 柳杉属

位置 余姚市四明山镇唐田村下庙
经度 121.12256111°E
纬度 29.70192778°N

古树等级
三级

树龄
115年

树高
15米

胸围
150厘米

平均冠幅
5米

柳 杉

028131700104

学名 *Cryptomeria japonica* (L. f.) D.Don var. *sinensis* Sieb.
科 杉科
属 柳杉属

位置 余姚市四明山镇唐田村下庙
经度 121.12258056°E
纬度 29.70190833°N

古树等级
三级

树龄
115年

树高
16米

胸围
148厘米

平均冠幅
4米

柳 杉

028131700105

- 学名 *Cryptomeria japonica* (L. f.) D.Don var. *sinensis* Sieb.
- 科 杉科
- 属 柳杉属

- 位置 余姚市四明山镇唐田村下庙
  经度 121.12258889°E
  纬度 29.70188889°N

古树等级
三级

树龄
115年

树高
16米

胸围
160厘米

平均冠幅
5.5米

柳 杉

028131700106

- 学名 *Cryptomeria japonica* (L. f.) D.Don var. *sinensis* Sieb.
- 科 杉科
- 属 柳杉属

- 位置 余姚市四明山镇唐田村下庙
  经度 121.122799°E
  纬度 29.701806°N

古树等级
三级

树龄
115年

树高
16米

胸围
150厘米

平均冠幅
6米

榧 树

- 🌿 **学名** *Torreya grandis* Fort. ex Lindl.
- **科** 红豆杉科
- **属** 榧树属

- 📍 **位置** 余姚市四明山镇唐田村庙背后
- **经度** 121.122049°E
- **纬度** 29.702613°N

028121700107

- 🏛 **古树等级** 二级
- ⏳ **树龄** 315年
- ↕ **树高** 18米
- ⊚ **胸围** 220厘米
- ◎ **平均冠幅** 4.5米

圆 柏

- 🌿 **学名** *Sabina chinensis* (Linn.) Ant.
- 📍 **位置** 余姚市四明山镇唐田村下庙小学
- **科** 柏科
- **属** 圆柏属
- **经度** 121.122229°E
- **纬度** 29.701907°N

028121700108

- 🏛 **古树等级** 二级
- ⏳ **树龄** 315年
- ↕ **树高** 15米
- ⊚ **胸围** 215厘米
- ◎ **平均冠幅** 9米

杭州榆

学名　*Ulmus changii* Cheng
科　　榆科
属　　榆属

位置　余姚市四明山镇梨洲村大岙18号
经度　121.118474°E
纬度　29.740127°N

028121700109

古树等级
二级

树龄
365年

树高
31米

胸围
495厘米

平均冠幅
15.5米

枫 杨

学名　*Pterocarya stenoptera* C. DC.
位置　余姚市四明山镇梨洲村大岙

科　　胡桃科　　属　　枫杨属
经度　121.118367°E　　纬度　29.739678°N

028121700110

古树等级
二级

树龄
315年

树高
17米

胸围
380厘米

平均冠幅
21米

玉 兰

- 学名　*Magnolia denudata* Desr.
- 科　　木兰科
- 属　　木兰属

- 位置　余姚市四明山镇芦田村小养山
  - 经度　121.025008°E
  - 纬度　29.737052°N

古树等级
三级

树龄
100年

树高
15米

胸围
160厘米

平均冠幅
8米

朴 树

- 学名　*Celtis sinensis* Pers.
- 位置　余姚市四明山镇芦田村水塘头

科　榆科　　属　朴属
经度　121.02189167°E　　纬度　29.73639722°N

古树等级
三级

树龄
100年

树高
12米

胸围
180厘米

平均冠幅
12.5米

金钱松

028131700113

- 学名　*Pseudolarix amabilis* (Nelson) Rehd.
- 科　　松科
- 属　　金钱松属

- 位置　余姚市四明山镇大山村朱曹平头
- 经度　121.042797°E
- 纬度　29.762657°N

古树等级
三级

树龄
115年

树高
15米

胸围
155厘米

平均冠幅
8米

枫 香

028131700114

- 学名　*Liquidambar formosana* Hance
- 科　　金缕梅科
- 属　　枫香树属

- 位置　余姚市四明山镇溪山村滴水岩
- 经度　121.033577°E
- 纬度　29.745271°N

古树等级
三级

树龄
100年

树高
34米

胸围
255厘米

平均冠幅
9.5米

枫 香

🌱 **学名** *Liquidambar formosana* Hance　　**科** 金缕梅科　　**属** 枫香树属
📍 **位置** 余姚市四明山镇溪山村滴水岩　　**经度** 121.033689°E　　**纬度** 29.74524°N

028131700115

🏛 **古树等级**
三级

⏳ **树龄**
100年

🌲 **树高**
34米

🌀 **胸围**
255厘米

🍃 **平均冠幅**
10米

南方红豆杉古树群

028141700001

🌲 主要树种为南方红豆杉、玉兰、榧树，共有古树14株，位于余姚市四明山镇唐田村庙背后，平均树龄194年，平均树高22.4米，平均胸围186厘米，面积0.3公顷。

余姚市四明山镇古树

柳杉古树群

028141700002

主要树种为柳杉、金钱松，共有古树18株，位于余姚市四明山镇平莲村龙岩岗，平均树龄122年，平均树高16米，平均胸围132厘米，面积0.1公顷。

余姚市四明山镇古树

金钱松古树群

主要树种为金钱松、马尾松，共有古树37株，位于余姚市四明山镇大山村泉家庙，平均树龄129年，平均树高16.5米，平均胸围154厘米，面积0.7公顷。

028141700003

余姚市四明山镇古树

222

银缕梅古树群

028141700004

🌳 主要树种为银缕梅、枫香、金钱松、玉兰，共有古树43株，位于余姚市四明山镇棠溪村棠溪，平均树龄193年，平均树高20米，平均胸围194厘米，面积0.5公顷。

余姚市四明山镇古树

马尾松古树群

028141700005

主要树种为马尾松，共有古树64株，位于余姚市四明山镇宓家山村村口广场，平均树龄124年，平均树高22米，平均胸围149厘米，面积0.4公顷。

余姚市四明山镇古树

金钱松古树群

主要树种为金钱松、柳杉、青钱柳，共有古树14株，位于余姚市四明山镇茶培村平头显灵庙，平均树龄191年，平均树高17.8米，平均胸围214厘米，面积0.2公顷。

028141700006

枣古树群

🌳 主要树种为枣，共有古树15株，位于余姚市黄家埠镇横塘村古枣园，平均树龄115年，平均树高6.5米，平均胸围75厘米，面积0.1公顷。

028141900001

朴 树

🌳 **学名** *Celtis sinensis* Pers.   **科** 榆科   **属** 朴属

📍 **位置** 余姚市三七市镇相岙村施岙62号门前   **经度** 121.378243°E   **纬度** 30.030869°N

028132000001

🔖 **古树等级**
三级

⏳ **树龄**
195年

🌲 **树高**
9米

🌀 **胸围**
227厘米

🎯 **平均冠幅**
8.5米

樟 树

🌳 **学名** *Cinnamomum camphora* (Linn.) Presl   **科** 樟科   **属** 樟属

📍 **位置** 余姚市三七市镇二六市村官桥   **经度** 121.367673°E   **纬度** 30.022822°N

028132000002

🔖 **古树等级**
三级

⏳ **树龄**
135年

🌲 **树高**
15.5米

🌀 **胸围**
250厘米

🎯 **平均冠幅**
19米

朴 树

028132000003

🌲 学名	*Celtis sinensis* Pers.	科	榆科	属	朴属
📍 位置	余姚市三七市镇相岙村大池头	经度	121.384976°E	纬度	30.032202°N

📖 古树等级
三级

⏳ 树龄
115年

📏 树高
17.5米

⭕ 胸围
255厘米

◎ 平均冠幅
14米

朴 树

028132000004

🌲 学名	*Celtis sinensis* Pers.	科	榆科	属	朴属
📍 位置	余姚市三七市镇相岙村王家	经度	121.398414°E	纬度	30.037838°N

📖 古树等级
三级

⏳ 树龄
115年

📏 树高
14米

⭕ 胸围
220厘米

◎ 平均冠幅
16米

枫 杨

028132000005

🌳 **学名** *Pterocarya stenoptera* C. DC.　　　**科** 胡桃科　　**属** 枫杨属

📍 **位置** 余姚市三七市镇唐李张村唐家　　**经度** 121.389609°E　　**纬度** 30.052174°N

🏷 **古树等级**
三级

⏳ **树龄**
115年

📏 **树高**
8米

🌀 **胸围**
275厘米

◎ **平均冠幅**
12米

枫 杨

🌳 **学名** *Pterocarya stenoptera* C. DC.
科 胡桃科
属 枫杨属

📍 **位置** 余姚市三七市镇唐李张村唐家
经度 121.3883°E
纬度 30.05095556°N

🏷 **古树等级**
二级

⏳ **树龄**
315年

📏 **树高**
26米

🌀 **胸围**
450厘米

◎ **平均冠幅**
21.5米

樟 树

学名　*Cinnamomum camphora* (Linn.) Presl　　科　樟科　　属　樟属

位置　余姚市三七市镇唐李张村唐家　　经度　121.387575°E　　纬度　30.050811°N

028122000007

古树等级
二级

树龄
465年

树高
15米

胸围
325厘米

平均冠幅
10.5米

樟 树

学名　*Cinnamomum camphora* (Linn.) Presl　　科　樟科　　属　樟属

位置　余姚市三七市镇唐李张村唐家12号门口　　经度　121.387174°E　　纬度　30.050553°N

028112000008

古树等级
一级

树龄
515年

树高
12米

胸围
460厘米

平均冠幅
14.5米

枫 香

028122000009

🌳 学名　*Liquidambar formosana* Hance
　科　　金缕梅科
　属　　枫香树属

📍 位置　余姚市三七市镇唐李张村张方
　经度　121.391754°E
　纬度　30.064051°N

🏛 古树等级
二级

⏳ 树龄
415年

🌲 树高
28米

🌀 胸围
490厘米

🌳 平均冠幅
22米

樟 树

028122000010

🌳 学名　*Cinnamomum camphora* (Linn.) Presl　　科　樟科　　属　樟属
📍 位置　余姚市三七市镇唐李张村叶家湾　　经度　121.37887222°E　　纬度　30.04701667°N

🏛 古树等级
二级

⏳ 树龄
315年

🌲 树高
16.5米

🌀 胸围
400厘米

🌳 平均冠幅
16.5米

樟 树

🌰 **学名** *Cinnamomum camphora* (Linn.) Presl   **科** 樟科   **属** 樟属

📍 **位置** 余姚市三七市镇唐李张村叶家湾   **经度** 121.37828611°E   **纬度** 30.04717222°N

028132000011

🏛 **古树等级**
三级

⏳ **树龄**
115年

🌲 **树高**
18米

◎ **胸围**
260厘米

◎ **平均冠幅**
19.5米

余姚市三七市镇古树

三角槭

🌰 **学名** *Acer buergerianum* Miq.

   科 槭树科

   属 槭属

📍 **位置** 余姚市三七市镇唐李张村叶家湾

   经度 121.378359°E

   纬度 30.046743°N

028132000012

🏛 **古树等级**
三级

⏳ **树龄**
115年

🌲 **树高**
22.5米

◎ **胸围**
220厘米

◎ **平均冠幅**
10米

樟 树

028122000013

- 学名 *Cinnamomum camphora* (Linn.) Presl
- 科 樟科
- 属 樟属

- 位置 余姚市三七市镇唐李张村唐家
- 经度 121.378594°E
- 纬度 30.049993°N

古树等级
二级

树龄
315年

树高
17米

胸围
500厘米

平均冠幅
14米

樟 树

028122000014

- 学名 *Cinnamomum camphora* (Linn.) Presl
- 科 樟科
- 属 樟属
- 位置 余姚市三七市镇石步村石步庙门前
- 经度 121.347052°E
- 纬度 30.048004°N

古树等级
二级

树龄
315年

树高
18米

胸围
620厘米

平均冠幅
24米

枫 杨

学名　*Pterocarya stenoptera* C. DC.
科　　胡桃科
属　　枫杨属

位置　余姚市三七市镇石步村上王
经度　121.376132°E
纬度　30.055104°N

028122000015

古树等级
二级

树龄
315年

树高
15米

胸围
590厘米

平均冠幅
16米

樟 树

学名　*Cinnamomum camphora* (Linn.) Presl　　科　樟科　　属　樟属
位置　余姚市三七市镇唐李张村唐家　　经度　121.38346111°E　　纬度　30.04163611°N

028112000016

古树等级
一级

树龄
560年

树高
18米

胸围
655厘米

平均冠幅
23米

樟 树

028122000017

- 🌳 **学名** *Cinnamomum camphora* (Linn.) Presl
  - **科** 樟科
  - **属** 樟属

- 📍 **位置** 余姚市三七市镇唐李张村唐家
  - **经度** 121.383333°E
  - **纬度** 30.041446°N

古树等级
二级

树龄
315年

树高
18米

胸围
220厘米

平均冠幅
16米

樟 树

028122000018

- 🌳 **学名** *Cinnamomum camphora* (Linn.) Presl
  - **科** 樟科
  - **属** 樟属

- 📍 **位置** 余姚市三七市镇唐李张村唐家
  - **经度** 121.383294°E
  - **纬度** 30.041399°N

古树等级
二级

树龄
315年

树高
18米

胸围
285厘米

平均冠幅
16米

樟 树

028122000019

🌳 学名　*Cinnamomum camphora* (Linn.) Presl
　　科　　樟科
　　属　　樟属

📍 位置　余姚市三七市镇唐李张村唐家
　　经度　121.383401°E
　　纬度　30.041372°N

古树等级
二级

树龄
315年

树高
18米

胸围
275厘米

平均冠幅
15米

樟 树

028122000020

🌳 学名　*Cinnamomum camphora* (Linn.) Presl　　科　　樟科　　属　　樟属
📍 位置　余姚市三七市镇三七市村市新北路16号　　经度　121.34047°E　　纬度　30.033576°N

古树等级
二级

树龄
415年

树高
14.5米

胸围
400厘米

平均冠幅
19米

银 杏

- 学名　*Ginkgo biloba* Linn.
- 科　　银杏科
- 属　　银杏属

- 位置　余姚市三七市镇姚东村干岙
- 经度　121.320471°E
- 纬度　30.043204°N

古树等级
三级

树龄
265年

树高
30米

胸围
750厘米

平均冠幅
19.75米

枫 香

028122000022

- 学名　*Liquidambar formosana* Hance
- 科　　金缕梅科
- 属　　枫香树属

- 位置　余姚市三七市镇大霖山村东茅山竹林内
- 经度　121.326369°E
- 纬度　30.067771°N

古树等级
二级

树龄
415年

树高
26米

胸围
318厘米

平均冠幅
10.5米

余姚市三七市镇古树

237

枫 香

028122000023

🌲 **学名** *Liquidambar formosana* Hance
科 金缕梅科
属 枫香树属

📍 **位置** 余姚市三七市镇大霖山村东茅山竹林内
经度 121.32636667°E
纬度 30.06786389°N

古树等级
二级

树龄
415年

树高
15米

胸围
210厘米

平均冠幅
5米

圆 柏

028132000024

🌲 **学名** *Sabina chinensis* (Linn.) Ant.
科 柏科
属 圆柏属

📍 **位置** 余姚市三七市镇大霖山村龙王堂屋后竹林内
经度 121.33368611°E
纬度 30.06180556°N

古树等级
三级

树龄
155年

树高
16米

胸围
135厘米

平均冠幅
5.5米

杨梅古树群

主要树种为杨梅，共有古树10株，位于余姚市三七市镇石步村小池墩，平均树龄165年，平均树高6.5米，平均地径200厘米，面积0.1公顷。

028142000001

金钱松

学名　*Pseudolarix amabilis* (Nelson) Rehd.
科　　松科
属　　金钱松属

位置　余姚市鹿亭乡龙溪村王石坑
经度　121.127441°E
纬度　29.869034°N

028122100001

古树等级
二级

树龄
350年

树高
30米

胸围
350厘米

平均冠幅
14.5米

金钱松

学名　*Pseudolarix amabilis* (Nelson) Rehd.
科　　松科
属　　金钱松属

位置　余姚市鹿亭乡龙溪村岩头
经度　121.14236111°E
纬度　29.87011944°N

028122100002

古树等级
二级

树龄
380年

树高
32米

胸围
410厘米

平均冠幅
19米

银 杏

028132100003

- 🌱 **学名** *Ginkgo biloba* Linn.
  - **科** 银杏科
  - **属** 银杏属

- 📍 **位置** 余姚市鹿亭乡龙溪村大年村
  - **经度** 121.146636°E
  - **纬度** 29.859536°N

- 📖 **古树等级** 三级
- ⏳ **树龄** 130年
- 🌲 **树高** 20米
- ⭕ **胸围** 265厘米
- 🌀 **平均冠幅** 13米

银 杏

028132100004

- 🌱 **学名** *Ginkgo biloba* Linn.
  - **科** 银杏科
  - **属** 银杏属

- 📍 **位置** 余姚市鹿亭乡龙溪村大年里村
  - **经度** 121.14651°E
  - **纬度** 29.859715°N

- 📖 **古树等级** 三级
- ⏳ **树龄** 195年
- 🌲 **树高** 20米
- ⭕ **胸围** 265厘米
- 🌀 **平均冠幅** 15米

银 杏

- 学名　*Ginkgo biloba* Linn.
- 科　　银杏科
- 属　　银杏属

- 位置　余姚市鹿亭乡龙溪村大年里村
- 经度　121.14672778°E
- 纬度　29.8602°N

- 古树等级
  三级

- 树龄
  135年

- 树高
  25米

- 胸围
  330厘米

- 平均冠幅
  15.5米

银 杏

- 学名　*Ginkgo biloba* Linn.　　科　银杏科　　属　银杏属
- 位置　余姚市鹿亭乡龙溪村大年里村　　经度　121.14697778°E　　纬度　29.86011667°N

- 古树等级
  三级

- 树龄
  115年

- 树高
  18米

- 胸围
  180厘米

- 平均冠幅
  9.5米

余姚市鹿亭乡古树

榉 树

学名　*Zelkova schneideriana* Hand. –Mazz.　　科　榆科　　属　榉属
位置　余姚市鹿亭乡龙溪村大年里村　　经度　121.148877°E　　纬度　29.860778°N

028132100007

古树等级
三级

树龄
125年

树高
21米

胸围
260厘米

平均冠幅
16.5米

榉 树

学名　*Zelkova schneideriana* Hand. –Mazz.　　科　榆科　　属　榉属
位置　余姚市鹿亭乡龙溪村大年里村　　经度　121.14887222°E　　纬度　29.86093611°N

028132100008

古树等级
三级

树龄
125年

树高
25米

胸围
370厘米

平均冠幅
17米

余姚市鹿亭乡古树

243

榧 树

028132100009

- 学名　*Torreya grandis* Fort. ex Lindl.
- 科　　红豆杉科
- 属　　榧树属

- 位置　余姚市鹿亭乡龙溪村大年里村
- 经度　121.146552°E
- 纬度　29.859427°N

古树等级
三级

树龄
115年

树高
17米

胸围
240厘米

平均冠幅
11米

金钱松

028132100010

- 学名　*Pseudolarix amabilis* (Nelson) Rehd.
- 科　　松科
- 属　　金钱松属

- 位置　余姚市鹿亭乡龙溪村大年村
- 经度　121.147021°E
- 纬度　29.85929°N

古树等级
三级

树龄
135年

树高
34米

胸围
310厘米

平均冠幅
9米

榧 树

028132100011

- **学名** *Torreya grandis* Fort. ex Lindl.
- **科** 红豆杉科
- **属** 榧树属

- **位置** 余姚市鹿亭乡龙溪村大年村
- **经度** 121.146513°E
- **纬度** 29.85958°N

- **古树等级** 三级
- **树龄** 135年
- **树高** 18米
- **胸围** 220厘米
- **平均冠幅** 8米

枫 香

028132100012

- **学名** *Liquidambar formosana* Hance
- **科** 金缕梅科
- **属** 枫香树属

- **位置** 余姚市鹿亭乡白鹿村赤石
- **经度** 121.18042778°E
- **纬度** 29.84615°N

- **古树等级** 三级
- **树龄** 215年
- **树高** 22米
- **胸围** 285厘米
- **平均冠幅** 14米

余姚市鹿亭乡古树

银 杏

- 学名　*Ginkgo biloba* Linn.
- 科　　银杏科
- 属　　银杏属

- 位置　余姚市鹿亭乡白鹿村赤石
- 经度　121.18026389°E
- 纬度　29.84614722°N

古树等级
三级

树龄
215年

树高
23米

胸围
365厘米

平均冠幅
21米

黄 檀

- 学名　*Dalbergia hupeana* Hance
- 科　　豆科
- 属　　黄檀属

- 位置　余姚市鹿亭乡白鹿村赤石
- 经度　121.18045833°E
- 纬度　29.84621944°N

古树等级
三级

树龄
115年

树高
25米

胸围
185厘米

平均冠幅
9.5米

蓝果树

028132100015

🌿 **学名** *Nyssa sinensis* Oliv.   **科** 蓝果树科   **属** 蓝果树属

📍 **位置** 余姚市鹿亭乡白鹿村下姚畈   **经度** 121.163215°E   **纬度** 29.834811°N

🏷 **古树等级**
三级

⏳ **树龄**
115年

↕ **树高**
22米

◎ **胸围**
350厘米

◉ **平均冠幅**
20米

枫 香

028132100016

🌿 **学名** *Liquidambar formosana* Hance

科 金缕梅科

属 枫香树属

📍 **位置** 余姚市鹿亭乡白鹿村村委对面

经度 121.166026°E

纬度 29.841381°N

🏷 **古树等级**
三级

⏳ **树龄**
215年

↕ **树高**
21米

◎ **胸围**
395厘米

◉ **平均冠幅**
14米

枫 香

🌳 **学名** *Liquidambar formosana* Hance
　 科 金缕梅科
　 属 枫香树属

📍 **位置** 余姚市鹿亭乡白鹿村村委
　 经度 121.166109°E
　 纬度 29.841764°N

028132100017

🔖 **古树等级**
三级

⌛ **树龄**
115年

🌲 **树高**
17米

◎ **胸围**
235厘米

◎ **平均冠幅**
10米

枫 香

🌳 **学名** *Liquidambar formosana* Hance
　 科 金缕梅科
　 属 枫香树属

📍 **位置** 余姚市鹿亭乡白鹿村村委
　 经度 121.166075°E
　 纬度 29.84188°N

028132100018

🔖 **古树等级**
三级

⌛ **树龄**
115年

🌲 **树高**
24米

◎ **胸围**
225厘米

◎ **平均冠幅**
7.5米

枫 香

028132100019

学名 *Liquidambar formosana* Hance
科 金缕梅科
属 枫香树属

位置 余姚市鹿亭乡白鹿村村委
经度 121.166039°E
纬度 29.841913°N

古树等级
三级

树龄
115年

树高
22.5米

胸围
260厘米

平均冠幅
10米

榉 树

028112100020

学名 *Zelkova schneideriana* Hand. –Mazz.   科 榆科   属 榉属
位置 余姚市鹿亭乡白鹿村陈家岩庵   经度 121.16824722°E   纬度 29.84270278°N

古树等级
一级

树龄
515年

树高
7.5米

胸围
450厘米

平均冠幅
12.5米

余姚市鹿亭乡古树

249

三角槭

028122100021

🌱 **学名** *Acer buergerianum* Miq.　　**科** 槭树科　　**属** 槭属
📍 **位置** 余姚市鹿亭乡白鹿村下坑岭头　　**经度** 121.17035°E　　**纬度** 29.842265°N

🏛 **古树等级**
二级

⌛ **树龄**
315年

↕ **树高**
13.5米

◎ **胸围**
335厘米

◎ **平均冠幅**
16米

银 杏

028112100022

🌱 **学名** *Ginkgo biloba* Linn.　　**科** 银杏科　　**属** 银杏属
📍 **位置** 余姚市鹿亭乡白鹿村下坑岭头　　**经度** 121.17039722°E　　**纬度** 29.8415°N

🏛 **古树等级**
一级

⌛ **树龄**
515年

↕ **树高**
17米

◎ **胸围**
420厘米

◎ **平均冠幅**
16米

银 杏

028132100023

🌱 **学名** *Ginkgo biloba* Linn.
科 银杏科
属 银杏属

📍 **位置** 余姚市鹿亭乡白鹿村后山岭
经度 121.169454°E
纬度 29.842685°N

🏷 **古树等级**
三级

⏳ **树龄**
115年

🌲 **树高**
16米

◎ **胸围**
285厘米

◎ **平均冠幅**
12.5米

枫 香

028132100024

🌱 **学名** *Liquidambar formosana* Hance
科 金缕梅科
属 枫香树属

📍 **位置** 余姚市鹿亭乡白鹿村陈岩枫树坪
经度 121.16706944°E
纬度 29.841625°N

🏷 **古树等级**
三级

⏳ **树龄**
215年

🌲 **树高**
27米

◎ **胸围**
330厘米

◎ **平均冠幅**
9.5米

余姚市鹿亭乡古树

枫 香

028132100025

🌳 **学名** *Liquidambar formosana* Hance
　　科　　金缕梅科
　　属　　枫香树属

📍 **位置**　余姚市鹿亭乡白鹿村陈家岩
　　经度　121.16708333°E
　　纬度　29.84163056°N

古树等级
三级

树龄
115年

树高
24米

胸围
220厘米

平均冠幅
10米

枫 香

028132100026

🌳 **学名** *Liquidambar formosana* Hance
　　科　　金缕梅科
　　属　　枫香树属

📍 **位置**　余姚市鹿亭乡白鹿村陈家岩
　　经度　121.16708333°E
　　纬度　29.84163333°N

古树等级
三级

树龄
115年

树高
21米

胸围
200厘米

平均冠幅
10米

樟 树

028112100027

- 学名　*Cinnamomum camphora* (Linn.) Presl
- 位置　余姚市鹿亭乡李家塔村李家塔四小区37号

科　樟科　　属　樟属

经度　121.200416°E　　纬度　29.862843°N

古树等级
一级

树龄
855年

树高
23米

胸围
770厘米

平均冠幅
22米

枫 香

028132100028

- 学名　*Liquidambar formosana* Hance
- 科　金缕梅科
- 属　枫香树属

- 位置　余姚市鹿亭乡李家塔村李家塔
- 经度　121.202341°E
- 纬度　29.864145°N

古树等级
三级

树龄
165年

树高
25米

胸围
230厘米

平均冠幅
11米

枫 香

028132100029

🌳 学名　*Liquidambar formosana* Hance
　　科　　金缕梅科
　　属　　枫香树属

📍 位置　余姚市鹿亭乡李家塔村李家塔
　　经度　121.202341°E
　　纬度　29.864167°N

🏛 古树等级
三级

⧖ 树龄
165年

🌲 树高
23米

◎ 胸围
250厘米

◎ 平均冠幅
12米

榉 树

028132100030

🌳 学名　*Zelkova schneideriana* Hand. –Mazz.　　科　榆科　　属　榉属
📍 位置　余姚市鹿亭乡石潭村马家坪　　经度　121.154033°E　　纬度　29.855048°N

🏛 古树等级
三级

⧖ 树龄
165年

🌲 树高
20米

◎ 胸围
263厘米

◎ 平均冠幅
13米

青钱柳

- 学名 *Cyclocarya paliurus* (Batal.) Iljinsk.
- 科 胡桃科
- 属 青钱柳属

- 位置 余姚市鹿亭乡石潭村马家坪后
- 经度 121.152271°E
- 纬度 29.854568°N

028132100031

古树等级
三级

树龄
115年

树高
22米

胸围
265厘米

平均冠幅
9.5米

锥 栗

- 学名 *Castanea henryi* (Skan) Rehd.et Wils.
- 科 壳斗科
- 属 栗属

- 位置 余姚市鹿亭乡石潭村马家坪后
- 经度 121.152599°E
- 纬度 29.854477°N

028132100032

古树等级
三级

树龄
115年

树高
18米

胸围
265厘米

平均冠幅
7米

锥 栗

028132100033

🌳 学名　*Castanea henryi* (Skan) Rehd.et Wils.　　科　壳斗科　　属　栗属
📍 位置　余姚市鹿亭乡石潭村马家坪　　经度　121.151992°E　　纬度　29.854357°N

古树等级
三级

树龄
115年

树高
20米

胸围
270厘米

平均冠幅
10米

银 杏

028132100034

🌳 学名　*Ginkgo biloba* Linn.　　科　银杏科　　属　银杏属
📍 位置　余姚市鹿亭乡石潭村岙底　　经度　121.17205278°E　　纬度　29.86315°N

古树等级
三级

树龄
115年

树高
22米

胸围
260厘米

平均冠幅
16.5米

樟 树

学名　*Cinnamomum camphora* (Linn.) Presl
位置　余姚市鹿亭乡中村村中村

科　樟科　　　属　樟属
经度　121.229114°E　　纬度　29.863536°N

古树等级
二级

树龄
315年

树高
20米

胸围
475厘米

平均冠幅
17.5米

银 杏

学名　*Ginkgo biloba* Linn.
科　　银杏科
属　　银杏属

位置　余姚市鹿亭乡中村村算坑
经度　121.21676944°E
纬度　29.85306111°N

古树等级
三级

树龄
215年

树高
21米

胸围
365厘米

平均冠幅
11.5米

余姚市鹿亭乡古树

枫 杨

🌳 **学名** *Pterocarya stenoptera* C. DC.　　**科** 胡桃科　　**属** 枫杨属
📍 **位置** 余姚市鹿亭乡中村村算坑　　**经度** 121.216584°E　　**纬度** 29.853099°N

古树等级
三级

树龄
215年

树高
10米

胸围
500厘米

平均冠幅
17米

枫 杨

🌳 **学名** *Pterocarya stenoptera* C. DC.　　**科** 胡桃科　　**属** 枫杨属
📍 **位置** 余姚市鹿亭乡中村村算坑　　**经度** 121.21657222°E　　**纬度** 29.85319444°N

古树等级
三级

树龄
165年

树高
14米

胸围
335厘米

平均冠幅
12米

余姚市鹿亭乡古树

樟 树

028122100039

🌀 **学名** *Cinnamomum camphora* (Linn.) Presl　　**科** 樟科　　**属** 樟属

📍 **位置** 余姚市鹿亭乡中村村中村桥头　　**经度** 121.219511°E　　**纬度** 29.863422°N

📖 **古树等级**
二级

⏳ **树龄**
455年

🌲 **树高**
8.5米

◎ **胸围**
400厘米

◎ **平均冠幅**
8.5米

银 杏

028132100040

🌀 **学名** *Ginkgo biloba* Linn.

　　科 银杏科

　　属 银杏属

📍 **位置** 余姚市鹿亭乡中村村中村桥头

　　经度 121.219609°E

　　纬度 29.863526°N

📖 **古树等级**
三级

⏳ **树龄**
115年

🌲 **树高**
19米

◎ **胸围**
370厘米

◎ **平均冠幅**
13米

银 杏

028122100041

学名 *Ginkgo biloba* Linn.
科 银杏科
属 银杏属

位置 余姚市鹿亭乡中村村中村
经度 121.220385°E
纬度 29.863718°N

古树等级
二级

树龄
365年

树高
20米

胸围
405厘米

平均冠幅
15.5米

樟 树

028132100042

学名 *Cinnamomum camphora* (Linn.) Presl   科 樟科   属 樟属
位置 余姚市鹿亭乡中村村中村溪边   经度 121.220644°E   纬度 29.863985°N

古树等级
三级

树龄
265年

树高
16.5米

胸围
510厘米

平均冠幅
24米

银 杏

🌰 学名 *Ginkgo biloba* Linn.　　　科　银杏科　　　属　银杏属

📍 位置 余姚市鹿亭乡上庄村鹰家路　　经度　121.19897778° E　　纬度　29.87797778° N

028112100043

余姚市鹿亭乡古树

🔲 古树等级
一级

⌛ 树龄
515年

🌲 树高
25米

◎ 胸围
420厘米

◎ 平均冠幅
15米

糙叶树

028132100044

🌳 学名　*Aphananthe aspera* (Thunb.) Planch.
　　科　　榆科
　　属　　糙叶树属

📍 位置　余姚市鹿亭乡晓云村大溪
　　经度　121.180152°E
　　纬度　29.881997°N

📷 古树等级
三级

⌛ 树龄
115年

🌲 树高
19米

◎ 胸围
230厘米

◎ 平均冠幅
11米

枫 香

D028132100045

🌳 学名　*Liquidambar formosana* Hance
　　科　　金缕梅科
　　属　　枫香树属

📍 位置　余姚市鹿亭乡晓云村大溪
　　经度　121.18027778°E
　　纬度　29.88194444°N

📷 古树等级
三级

⌛ 树龄
135年

🌲 树高
0米

◎ 胸围
0厘米

◎ 平均冠幅
0米

肥皂荚

028132200001

🌳 **学名** *Gymnocladus chinensis* Baill.
　科　豆科
　属　肥皂荚属

📍 **位置** 余姚市林场毛洞里林区
　经度 121.10771944°E
　纬度 29.8606°N

🏛 古树等级
三级

⏳ 树龄
115年

🌿 树高
15米

◎ 胸围
245厘米

◎ 平均冠幅
10.5米

肥皂荚

028132200002

🌳 **学名** *Gymnocladus chinensis* Baill.　　**科**　豆科　　**属**　肥皂荚属
📍 **位置** 余姚市林场毛洞里林区　　**经度** 121.107718°E　　**纬度** 29.860785°N

🏛 古树等级
三级

⏳ 树龄
115年

🌿 树高
15米

◎ 胸围
150厘米

◎ 平均冠幅
8米

余姚市林场古树

枫杨

028132200003

- 学名　*Pterocarya stenoptera* C. DC.
- 科　　胡桃科
- 属　　枫杨属

- 位置　余姚市林场毛洞里林区
- 经度　121.107044° E
- 纬度　29.860677° N

古树等级
三级

树龄
115年

树高
13米

胸围
225厘米

平均冠幅
6.5米

枫杨

028132200004

- 学名　*Pterocarya stenoptera* C. DC.　科　胡桃科　属　枫杨属
- 位置　余姚市林场毛洞里林区　经度　121.107361° E　纬度　29.860442° N

古树等级
三级

树龄
115年

树高
20米

胸围
295厘米

平均冠幅
15.5米

枫 香

🌳 **学名** *Liquidambar formosana* Hance   **科** 金缕梅科   **属** 枫香树属

📍 **位置** 余姚市林场毛洞里林区   **经度** 121.10710556°E   **纬度** 29.86074167°N

余姚市林场古树

古树等级
三级

树龄
115年

树高
26米

胸围
255厘米

平均冠幅
14米

樟 树

学名	*Cinnamomum camphora* (Linn.) Presl	科	樟科	属 樟属
位置	余姚市园林管理所龙泉山龙泉公园门口	经度	121.150514°E	纬度 30.049948°N

古树等级
二级

树龄
315年

树高
16.5米

胸围
330厘米

平均冠幅
15米

余姚市园林管理所古树

古树中文名索引

古树学名索引

古树学名索引

余姚古树名录

古树编号	中文名	学名	科	属	乡镇	村	小地名	经度(°E)	纬度(°N)	古树等级	树龄	树高	胸围	平均冠幅	管护单位
02813020000001	樟树	Cinnamomum camphora (Linn.) Presl	樟科	樟属	阳明街道	贩周村	何高岙38号	121.128344	30.065902	三级	100	14	360	9.5	阳明街道办事处
02813020000002	樟树	Cinnamomum camphora (Linn.) Presl	樟科	樟属	阳明街道	贩周村	何高岙21号	121.128666	30.064722	三级	200	20	300	10	阳明街道办事处
02813030000001	黄檀	Dalbergia hupeana Hance	豆科	黄檀属	梨洲街道	长田	范大坞	121.131326	29.918585	三级	265	13	170	9	梨洲街道办事处
02813030000002	糙叶树	Aphananthe aspera (Thunb.) Planch.	榆科	糙叶树属	梨洲街道	长田	下章	121.137492	29.923545	三级	215	23	230	9.5	梨洲街道办事处
02813030000003	金钱松	Pseudolarix amabilis (Nelson) Rehd.	松科	金钱松属	梨洲街道	菱湖	菱湖公交站(岭头)	121.146907	29.917329	三级	215	23	215	9.5	梨洲街道办事处
02811030000004	锥栗	Castanea henryi (Skan) Rehd.et Wils.	壳斗科	栗属	梨洲街道	上王岗	上王	121.166182	29.926853	一级	515	30	330	23	梨洲街道办事处
02812030000005	槐树	Sophora japonica (Dum.–Cour.) Linn.	豆科	槐属	梨洲街道	上王岗	上王	121.165723	29.926647	二级	315	8.5	230	11	梨洲街道办事处
02811030000006	柳杉	Cryptomeria japonica (L. f.) D.Don var. sinensis Sieb.	杉科	柳杉属	梨洲街道	上王岗	下南王	121.1564444	29.90695	三级	115	18	200	6	梨洲街道办事处
02811030000007	黄檀	Dalbergia hupeana Hance	豆科	黄檀属	梨洲街道	上王岗	下南王	121.1562	29.90825	一级	615	17	180	8.5	梨洲街道办事处
02811030000008	樟树	Cinnamomum camphora (Linn.) Presl	樟科	樟属	梨洲街道	最良村	下史家	121.154274	30.036801	一级	515	17	370	15.5	何仁昌
02812030000009	糙叶树	Aphananthe aspera (Thunb.) Planch.	榆科	糙叶树属	梨洲街道	金冠	冠佩(兴隆庙)	121.15336389	29.929138889	二级	315	18	410	13.5	梨洲街道办事处
02813030000010	糙叶树	Aphananthe aspera (Thunb.) Planch.	榆科	糙叶树属	梨洲街道	金冠	冠佩(兴隆庙)	121.153441	29.928898	三级	165	18	240	12	梨洲街道办事处
02812030000011	枫香	Liquidambar formosana Hance	金缕梅科	枫香树属	梨洲街道	金冠	金岙	121.13947	29.94203	二级	315	27	300	14.5	梨洲街道办事处
02812030000012	枫杨	Pterocarya stenoptera C. DC.	胡桃科	枫杨属	梨洲街道	金冠	金岙	121.139402	29.942233	二级	315	29	470	19	梨洲街道办事处
02813030000013	枫杨	Pterocarya stenoptera C. DC.	胡桃科	枫杨属	梨洲街道	雁湖	勤丰岗	121.15756944	29.93992222	三级	265	18	300	14	梨洲街道办事处
02813030000014	黄檀	Dalbergia hupeana Hance	豆科	黄檀属	梨洲街道	雁湖	勤丰岗	121.1576111	29.93999167	三级	265	15	105	8	梨洲街道办事处
02813030000015	青钱柳	Cyclocarya paliurus (Batal.) Iljinsk.	胡桃科	青钱柳属	梨洲街道	燕窝	龙王殿	121.181022	29.961077	三级	215	16	240	10	梨洲街道办事处
02813030000016	枫香	Liquidambar formosana Hance	金缕梅科	枫香树属	梨洲街道	陈洪	流水潭	121.179097	29.977306	三级	215	23	305	13.5	梨洲街道办事处
02811030000017	银杏	Ginkgo biloba Linn.	银杏科	银杏属	梨洲街道	苏家园	苏家园	121.15208611	29.99641111	一级	515	23	445	15	梨洲街道办事处
02813030000018	樟树	Cinnamomum camphora (Linn.) Presl	樟科	樟属	梨洲街道	三溪口	金端公寓后	121.13253	30.001214	三级	215	16	228	10	梨洲街道办事处
02813030000019	朴树	Celtis sinensis Pers.	榆科	朴属	梨洲街道	金冠	金岙	121.13952778	29.94190833	三级	150	12	200	14	梨洲街道办事处
02813030000020	樟树	Cinnamomum camphora (Linn.) Presl	樟科	樟属	梨洲街道	三溪口	金端公寓后	121.13265278	30.00061667	三级	215	16	230	13	梨洲街道办事处
02813030000021	玉兰	Magnolia denudata Desr.	木兰科	木兰属	梨洲街道	雁湖	勤丰岗	121.15763889	29.94003056	三级	115	18	135	8.5	梨洲街道办事处
02813030000022	朴树	Celtis sinensis Pers.	榆科	朴属	梨洲街道	雁湖	勤丰岗	121.15763889	29.94003611	三级	115	18	125	9	梨洲街道办事处
02813030000023	玉兰	Magnolia denudata Desr.	木兰科	木兰属	梨洲街道	雁湖	勤丰岗	121.15775556	29.94011667	三级	115	11	157	7	梨洲街道办事处
02813030000024	青钱柳	Cyclocarya paliurus (Batal.) Iljinsk.	胡桃科	青钱柳属	梨洲街道	燕窝	东湾龙王殿	121.181116	29.961291	三级	115	21	180	11	梨洲街道办事处
02813040000001	秃瓣杜英	Elaeocarpus glabripetalus Merr.	杜英科	杜英属	兰江街道	冯村	乌丹山	121.0913944	29.97305833	三级	265	15.5	280	11	兰江街道办事处

余 姚 古 树 名 录

古树编号	中文名	学名	科	属	乡镇	村	小地名	经度（°E）	纬度（°N）	古树等级	树龄	树高	胸围	平均冠幅	管护单位
02813040400002	秃瓣杜英	Elaeocarpus glabripetalus Merr.	杜英科	杜英属	兰江街道	冯村	乌丹山	121.0915306	29.97311389	三级	215	19	270	9	兰江街道办事处
02813040400003	秃瓣杜英	Elaeocarpus glabripetalus Merr.	杜英科	杜英属	兰江街道	冯村	乌丹山	121.0915917	29.97313611	三级	215	18	240	9.5	兰江街道办事处
02813040400004	秃瓣杜英	Elaeocarpus glabripetalus Merr.	杜英科	杜英属	兰江街道	冯村	乌丹山	121.0916778	29.9733	三级	115	16	200	7.5	兰江街道办事处
02813040400005	朴树	Celtis sinensis Pers.	榆科	朴属	兰江街道	冯村	乌丹山	121.0917389	29.97344722	三级	215	15	220	10.5	兰江街道办事处
02813040400006	臭椿	Ailanthus altissima (Mill.) Swingle	苦木科	臭椿属	兰江街道	冯村	乌丹山	121.0917361	29.97350556	三级	165	19	240	14.5	兰江街道办事处
02813040400007	三角槭	Acer buergerianum Miq.	槭树科	槭属	兰江街道	冯村	乌丹山	121.0917889	29.97361944	三级	155	17	170	11.5	兰江街道办事处
02813040400008	三角槭	Acer buergerianum Miq.	槭树科	槭属	兰江街道	冯村	乌丹山	121.0918556	29.97370556	三级	135	17	180	10	兰江街道办事处
02813040400009	朴树	Celtis sinensis Pers.	榆科	朴属	兰江街道	冯村	乌丹山	121.0918833	29.97371389	三级	165	12	210	12	兰江街道办事处
02813040400010	枫香	Liquidambar formosana Hance	金缕梅科	枫香树属	兰江街道	冯村	乌丹山	121.0918472	29.97393611	三级	265	20	310	12	兰江街道办事处
02813040400011	秃瓣杜英	Elaeocarpus glabripetalus Merr.	杜英科	杜英属	兰江街道	冯村	乌丹山河边	121.0921861	29.9740278	三级	245	9	230	9	兰江街道办事处
02813040400012	朴树	Celtis sinensis Pers.	榆科	朴属	兰江街道	冯村	乌丹山	121.0911611	29.97251667	三级	265	17	280	11.5	兰江街道办事处
02813040400013	枫杨	Pterocarya stenoptera C. DC.	胡桃科	枫杨属	兰江街道	冯村	乌丹山	121.09757778	29.98064167	三级	115	17.5	280	13.5	兰江街道办事处
02813040400014	秃瓣杜英	Elaeocarpus glabripetalus Merr.	杜英科	杜英属	兰江街道	冯村	上墙门	121.09746944	29.98063056	三级	135	17	180	7.5	兰江街道办事处
02813040400015	樟树	Cinnamomum camphora (Linn.) Presl	樟科	樟属	兰江街道	冯村	上墙门	121.09741111	29.98074722	三级	115	15	200	12.5	兰江街道办事处
02813040400016	秃瓣杜英	Elaeocarpus glabripetalus Merr.	杜英科	杜英属	兰江街道	冯村	上墙门	121.09738889	29.98105556	三级	135	10	230	7	兰江街道办事处
02813040400017	三角槭	Acer buergerianum Miq.	槭树科	槭属	兰江街道	冯村	上墙门48号后	121.09740556	29.98150278	三级	165	19	270	16.5	兰江街道办事处
02813040400018	臭椿	Ailanthus altissima (Mill.) Swingle	苦木科	臭椿属	兰江街道	冯村	上墙门48号后	121.097375	29.98158611	三级	165	20	260	13.5	兰江街道办事处
02813040400019	三角槭	Acer buergerianum Miq.	槭树科	槭属	兰江街道	冯村	冯徐茅	121.09778889	29.98261111	三级	125	18.5	215	6	兰江街道办事处
02813040400020	樟树	Cinnamomum camphora (Linn.) Presl	樟科	樟属	兰江街道	冯村	花墙门庙后晒场东南	121.099989	29.983312	三级	215	16	320	20.5	兰江街道办事处
02813040400021	樟树	Cinnamomum camphora (Linn.) Presl	樟科	樟属	兰江街道	冯村	花墙门小店健身公园	121.100007	29.98361	三级	215	16	325	18	兰江街道办事处
02813040400022	糙叶树	Aphananthe aspera (Thunb.) Planch.	榆科	糙叶树属	兰江街道	冯村	下阼	121.100732	29.984487	三级	215	18.5	300	15	兰江街道办事处
02813040400023	樟树	Cinnamomum camphora (Linn.) Presl	樟科	樟属	兰江街道	冯村	西翔岙	121.09971	29.984994	三级	215	18.5	260	13	兰江街道办事处
02813040400024	樟树	Cinnamomum camphora (Linn.) Presl	樟科	樟属	兰江街道	凤亭	大庙进夫岙	121.097328	30.001319	三级	215	19.5	295	12.5	兰江街道办事处
02813040400025	樟树	Cinnamomum camphora (Linn.) Presl	樟科	樟属	兰江街道	凤亭	大庙西山脚下67号	121.097749	30.005318	三级	215	14	245	13.5	兰江街道办事处
02812040400026	银杏	Ginkgo biloba Linn.	银杏科	银杏属	兰江街道	堇竹	路南92号院中	121.07812222	30.012625	三级	365	20	340	8.5	兰江街道办事处

古树编号	中文名	学名	科	属	乡镇	村	小地名	经度（°E）	纬度（°N）	古树等级	树龄	树高	胸围	平均冠幅	管护单位
02813040400027	樟树	Cinnamomum camphora (Linn.) Presl	樟科	樟属	兰江街道	筀竹	老机房	121.0864167	30.0115667	三级	145	18	258	12.5	兰江街道办事处
02813040400028	樟树	Cinnamomum camphora (Linn.) Presl	樟科	樟属	兰江街道	筀竹	老机房	121.078915	30.011841	三级	115	18	205	14	兰江街道办事处
02813040400029	樟树	Cinnamomum camphora (Linn.) Presl	樟科	樟属	兰江街道	筀竹	后池头筀竹岭公交站	121.077891	30.015681	三级	205	9	380	7.5	兰江街道办事处
02813040400030	樟树	Cinnamomum camphora (Linn.) Presl	樟科	樟属	兰江街道	夏巷	后畈村	121.067779	30.036848	三级	215	17	300	17.5	兰江街道办事处
02813040400031	朴树	Celtis sinensis Pers.	榆科	朴属	兰江街道	冯村	乌丹山	121.0919528	29.97413056	三级	200	7	130	5.5	兰江街道办事处
02813050500001	皂荚	Gleditsia sinensis Lam.	豆科	皂荚属	朗霞街道	干家路	东干（干家路文化营旁）	121.088929	30.171163	三级	115	10.5	185	11	朗霞街道办事处
02813050500002	樟树	Cinnamomum camphora (Linn.) Presl	樟科	樟属	朗霞街道	新新	塘墨桥43号对面	121.10073	30.167929	三级	125	11.5	200	11.5	朗霞街道办事处
02813050500003	桂花（银桂）	Osmanthus fragrans (Thunb) Lour.	木犀科	木犀属	朗霞街道	新新	泥瘦徐家	121.110726	30.160121	三级	245	3.5	70	4	余姚市文物管理委员会
02812060600001	樟树	Cinnamomum camphora (Linn.) Presl	樟科	樟属	低塘街道	郑巷	明峰水泥厂	121.156144	30.13333	二级	415	18	300	7	低塘街道办事处
02812060600002	樟树	Cinnamomum camphora (Linn.) Presl	樟科	樟属	低塘街道	郑巷	明峰水泥厂	121.156122	30.133469	二级	415	18	350	7.5	低塘街道办事处
02812060600003	樟树	Cinnamomum camphora (Linn.) Presl	樟科	樟属	低塘街道	郑巷	明峰水泥厂	121.15615	30.13368333	二级	415	19	330	9	低塘街道办事处
02812060600004	樟树	Cinnamomum camphora (Linn.) Presl	樟科	樟属	低塘街道	郑巷	明峰水泥厂	121.1561	30.13368889	二级	415	19	340	13.5	低塘街道办事处
02812060600005	樟树	Cinnamomum camphora (Linn.) Presl	樟科	樟属	低塘街道	郑巷	明峰水泥厂	121.15525556	30.13378889	二级	415	20	425	19.5	低塘街道办事处
02812060600006	樟树	Cinnamomum camphora (Linn.) Presl	樟科	樟属	低塘街道	郑巷	明峰水泥厂	121.15538889	30.13378889	二级	415	20	420	19	低塘街道办事处
02813070700001	樟树	Cinnamomum camphora (Linn.) Presl	樟科	樟属	临山镇	临南	前梨巷37号后	120.993268	30.126584	三级	265	13	315	12	临山镇政府
02813070700002	樟树	Cinnamomum camphora (Linn.) Presl	樟科	樟属	临山镇	临南	水木庄	121.015713	30.129885	三级	250	18	350	19	临山镇政府
02813080800001	银杏	Ginkgo biloba Linn.	银杏科	银杏属	泗门镇	后塘河	河塍路古塘公园	121.036053	30.172076	三级	115	9.5	190	9	阮伟建
02812080800002	银杏	Ginkgo biloba Linn.	银杏科	银杏属	泗门镇	后塘河	东道路2弄16号前	121.043108	30.167528	二级	315	26	320	10.5	泗门镇政府
02813080800003	紫薇	Lagerstroemia indica Linn.	千屈菜科	紫薇属	泗门镇	水阁周	槐房后路22号	121.054218	30.169128	三级	165	4.5	60	2	周培明
02813080800004	朴树	Celtis sinensis Pers.	榆科	朴属	泗门镇	大庙周	皇封杯	121.05483333	30.15950833	三级	115	9.5	160	7.5	泗门镇政府
02813080800005	银杏	Ginkgo biloba Linn.	银杏科	银杏属	泗门镇	小路下	公园	121.006791	30.180793	三级	150	10	215	5.5	泗门镇政府
02813080800006	银杏	Ginkgo biloba Linn.	银杏科	银杏属	泗门镇	小路下	公园	121.006328	30.180626	三级	150	10.5	185	7	泗门镇政府
02813080800007	朴树	Celtis sinensis Pers.	榆科	朴属	泗门镇	陶家路村	四正	121.034051	30.208868	三级	130	11	190	11.5	泗门镇政府
02813080800008	枣	Ziziphus jujuba Mill.	鼠李科	枣属	泗门镇	陶家路村	四正	121.034072	30.208448	三级	150	9	120	5.5	泗门镇政府
02812090900001	樟树	Cinnamomum camphora (Linn.) Presl	樟科	樟属	马渚镇	开元村	南张102号	121.06910556	30.11144444	二级	305	13	410	20	马渚镇政府
02812090900002	樟树	Cinnamomum camphora (Linn.) Presl	樟科	樟属	马渚镇	庙前	小施巷	121.059868	30.073485	二级	305	14	590	21	马渚镇政府

余姚古树名录

（续）

古树编号	中文名	学名	科	属	乡镇	村	小地名	经度（°E）	纬度（°N）	古树等级	树龄	树高	胸围	平均冠幅	管护单位
02813090900003	枫香	Liquidambar formosana Hance	金缕梅科	枫香树属	马渚镇	凹联	杨岐盃	121.023475	30.023018	三级	205	11	211	8	马渚镇政府
D02813090900004	樟树	Cinnamomum camphora (Linn.) Presl	樟科	樟属	马渚镇	开元村	南张	121.069945	30.112463	三级	155	0	0	0	马渚镇政府
02813090900005	樟树	Cinnamomum camphora (Linn.) Presl	樟科	樟属	马渚镇	马槽头	后槽斗	121.082389	30.072717	三级	155	14	330	14	马渚镇政府
02813090900006	樟树	Cinnamomum camphora (Linn.) Presl	樟科	樟属	马渚镇	长冷江	后魏101号旁	121.0677472	30.09688056	三级	105	12	200	14	马渚镇政府
02813090900007	樟树	Cinnamomum camphora (Linn.) Presl	樟科	樟属	马渚镇	长冷江	后魏99号北侧	121.068942	30.098141	三级	205	16	325	11.5	马渚镇政府
D02813090900008	樟树	Cinnamomum camphora (Linn.) Presl	樟科	樟属	马渚镇	开元村	南张	121.069894	30.11242	三级	105	13	190	0	马渚镇政府
02813090900009	樟树	Cinnamomum camphora (Linn.) Presl	樟科	樟属	马渚镇	全佳桥	前章巷25号	121.034161	30.131498	三级	115	11	300	13.5	马渚镇政府
02813090900010	樟树	Cinnamomum camphora (Linn.) Presl	樟科	樟属	马渚镇	全佳桥	久盛机械厂	121.0289122	30.128223	三级	105	15	300	13.5	马渚镇政府
02813090900011	樟树	Cinnamomum camphora (Linn.) Presl	樟科	樟属	马渚镇	沿山村	滑陌仁路滑家桥	121.026379	30.118688	三级	150	13	310	18	马渚镇政府
02813090900012	樟树	Cinnamomum camphora (Linn.) Presl	樟科	樟属	马渚镇	沿山村	横宣西路	121.013224	30.111435	三级	105	10	250	10	马渚镇政府
02813090900013	樟树	Cinnamomum camphora (Linn.) Presl	樟科	樟属	马渚镇	渚山村	罗大岙圆井西区21号门口	121.029271	30.068282	三级	105	15.5	250	15.5	马渚镇政府
02813090900014	朴树	Celtis sinensis Pers.	榆科	朴属	马渚镇	斗门	求实小学	121.080219	30.062093	三级	105	13	208	11.5	马渚镇政府
02813090900015	樟树	Cinnamomum camphora (Linn.) Presl	樟科	樟属	马渚镇	云楼	藏墅湖	121.035463	30.037154	三级	100	12	278	16.5	马渚镇政府
02813090900016	樟树	Cinnamomum camphora (Linn.) Presl	樟科	樟属	马渚镇	云楼	藏墅湖	121.0354	30.036172	三级	100	12.5	255	17	马渚镇政府
02813090900017	樟树	Cinnamomum camphora (Linn.) Presl	樟科	樟属	马渚镇	云楼	藏墅湖	121.035385	30.036064	三级	100	12.5	195	13.5	马渚镇政府
02813090900018	樟树	Cinnamomum camphora (Linn.) Presl	樟科	樟属	马渚镇	云楼	藏墅湖	121.035379	30.035971	三级	100	12.5	215	13.5	马渚镇政府
02813090900019	樟树	Cinnamomum camphora (Linn.) Presl	樟科	樟属	马渚镇	云楼	藏墅湖	121.035363	30.035895	三级	100	12	295	14	马渚镇政府
02813100000001	樟树	Cinnamomum camphora (Linn.) Presl	樟科	樟属	牟山镇	湖山	姜山美女池	121.010664	30.03325	三级	115	9	190	9.45	牟山镇政府
02813100000002	樟树	Cinnamomum camphora (Linn.) Presl	樟科	樟属	牟山镇	湖山	姜山美女池	121.010598	30.033156	三级	215	17	380	19	牟山镇政府
02813100000003	樟树	Cinnamomum camphora (Linn.) Presl	樟科	樟属	牟山镇	湖山	姜山美女池	121.010678	30.033065	三级	115	18	255	15.45	牟山镇政府
02813100000004.	樟树	Cinnamomum camphora (Linn.) Presl	樟科	樟属	牟山镇	湖山	姜山美女池	121.010418	30.033166	三级	115	7	160	12.45	牟山镇政府
02813100000005	樟树	Cinnamomum camphora (Linn.) Presl	樟科	樟属	牟山镇	湖山	姜山美女池	121.010789	30.033378	三级	125	12	470	10	牟山镇政府
02813100000006	樟树	Cinnamomum camphora (Linn.) Presl	樟科	樟属	牟山镇	湖山	姜山美女池	121.010741	30.033495	三级	175	14	260	17.15	牟山镇政府
02813100000007	樟树	Cinnamomum camphora (Linn.) Presl	樟科	樟属	牟山镇	湖山	姜山美女池	121.010319	30.033514	三级	250	18	350	16.2	牟山镇政府
02813110000008	樟树	Cinnamomum camphora (Linn.) Presl	樟科	樟属	牟山镇	湖山	姜山美女池	121.010386	30.033733	一级	515	23	640	19.1	牟山镇政府
02813100000009	樟树	Cinnamomum camphora (Linn.) Presl	樟科	樟属	牟山镇	湖山	姜山美女池	121.011243	30.034409	三级	230	20	330	16.3	牟山镇政府
02813100000010	樟树	Cinnamomum camphora (Linn.) Presl	樟科	樟属	牟山镇	湖山	姜山美女池	121.011068	30.034582	三级	260	21.5	360	21.1	牟山镇政府
02813100000011	杨梅	Myrica rubra (Lour.) Sieb. et Zucc.	杨梅科	杨梅属	牟山镇	湖山	西湖盃	120.99423333	30.03715	三级	115	13	295	11.4	牟山镇政府
02813100000012	樟树	Cinnamomum camphora (Linn.) Presl	樟科	樟属	牟山镇	湖山	西湖盃	120.99174	30.038007	三级	115	10	250	6	牟山镇政府
02813100000013	樟树	Cinnamomum camphora (Linn.) Presl	樟科	樟属	牟山镇	湖山	西湖盃	120.992066	30.038448	三级	115	18.5	245	13.5	牟山镇政府

古树编号	中文名	学名	科	属	乡镇	村	小地名	经度（°E）	纬度（°N）	古树等级	树龄	树高	胸围	平均冠幅	管护单位
02813100000014	樟树	Cinnamomum camphora (Linn.) Presl	樟科	樟属	牟山镇	湖山	西湖岙	120.992527	30.03817	三级	105	19.5	190	11.5	牟山镇政府
02813100000015	樟树	Cinnamomum camphora (Linn.) Presl	樟科	樟属	牟山镇	湖山	西湖岙	120.992512	30.038533	三级	115	21.5	220	11.5	牟山镇政府
02813100000016	樟树	Cinnamomum camphora (Linn.) Presl	樟科	樟属	牟山镇	湖山	西湖岙	120.992703	30.03873	三级	115	17	210	10.5	牟山镇政府
02813100000017	樟树	Cinnamomum camphora (Linn.) Presl	樟科	樟属	牟山镇	湖山	西湖岙	120.992886	30.038909	三级	115	11.5	200	6	牟山镇政府
02813100000018	樟树	Cinnamomum camphora (Linn.) Presl	樟科	樟属	牟山镇	湖山	西湖岙	120.992841	30.038919	三级	115	11.5	220	4.5	牟山镇政府
02813100000019	樟树	Cinnamomum camphora (Linn.) Presl	樟科	樟属	牟山镇	湖山	西湖岙	120.996346	30.037741	三级	215	19	245	16.5	牟山镇政府
02813100000020	樟树	Cinnamomum camphora (Linn.) Presl	樟科	樟属	牟山镇	湖山	西湖岙	120.996298	30.037715	三级	215	16	200	18	牟山镇政府
02813100000021	樟树	Cinnamomum camphora (Linn.) Presl	樟科	樟属	牟山镇	湖山	西湖岙	120.995238	30.037685	三级	215	18	240	16	牟山镇政府
02811100000022	樟树	Cinnamomum camphora (Linn.) Presl	樟科	樟属	牟山镇	湖山	西湖岙	120.988765	30.053717	一级	515	15.5	770	14.5	牟山镇政府
02813100000023	樟树	Cinnamomum camphora (Linn.) Presl	樟科	樟属	牟山镇	湖山	姜山芙女地	121.010133	30.032868	三级	115	10	200	11	牟山镇政府
02813100000024	樟树	Cinnamomum camphora (Linn.) Presl	樟科	樟属	牟山镇	湖山	姜山芙女地	121.010167	30.033066	三级	100	10.5	160	14	牟山镇政府
02813100000025	樟树	Cinnamomum camphora (Linn.) Presl	樟科	樟属	牟山镇	湖山	西湖岙	120.991912	30.03822	三级	150	17.5	314	11	牟山镇政府
02813100000026	樟树	Cinnamomum camphora (Linn.) Presl	樟科	樟属	牟山镇	湖山	西湖岙	120.99232778	30.03820278	三级	100	18	190	8.5	牟山镇政府
02813110000001	枫香	Liquidambar formosana Hance	金缕梅科	枫香树属	丈亭镇	凤东	南华院无量殿	121.310002	30.045452	三级	215	20	320	17	丈亭镇政府
02813110000002	樟树	Cinnamomum camphora (Linn.) Presl	樟科	樟属	丈亭镇	渔溪	傅王	121.29637222	30.05553333	三级	125	12.5	225	19.5	丈亭镇政府
02811110000003	樟树	Cinnamomum camphora (Linn.) Presl	樟科	樟属	丈亭镇	寺前王	朱家车59号旁	121.29055	30.055111	一级	515	23	620	23.5	丈亭镇政府
02813110000004	朴树	Celtis sinensis Pers.	榆科	朴属	丈亭镇	梅溪	舒郎岗	121.26386389	30.06181111	三级	215	14	310	13	丈亭镇政府
02812110000005	朴树	Celtis sinensis Pers.	榆科	朴属	丈亭镇	梅溪	舒郎岗	121.264181	30.062987	三级	315	21	320	13	丈亭镇政府
02811110000006	樟树	Cinnamomum camphora (Linn.) Presl	樟科	樟属	丈亭镇	梅溪	舒郎岗	121.264065	30.062952	一级	515	19	510	15.5	丈亭镇政府
02813110000007	樟树	Cinnamomum camphora (Linn.) Presl	樟科	樟属	丈亭镇	梅溪	舒郎岗	121.264257	30.06281	三级	115	20	210	15	丈亭镇政府
02813110000008	樟树	Cinnamomum camphora (Linn.) Presl	樟科	樟属	丈亭镇	梅溪	杨家岙	121.233269	30.06831	三级	165	26.5	295	18	丈亭镇政府
02812110000009	枫香	Liquidambar formosana Hance	金缕梅科	枫香树属	丈亭镇	梅溪	杨家岙	121.235469	30.067637	二级	315	26.5	450	18.5	丈亭镇政府
02813110000010	麻栎	Quercus acutissima Carr.	壳斗科	栎属	丈亭镇	梅溪	南岙	121.274198	30.064737	三级	125	22	230	16.5	丈亭镇政府
02813110000011	枫香	Liquidambar formosana Hance	金缕梅科	枫香树属	丈亭镇	梅溪	南岙	121.269377	30.064321	三级	165	18	270	12	丈亭镇政府
02813110000012	樟树	Cinnamomum camphora (Linn.) Presl	樟科	樟属	丈亭镇	寺前王	张孙里岙	121.280606	30.069119	三级	115	19	315	18.5	丈亭镇政府
02813110000013	樟树	Cinnamomum camphora (Linn.) Presl	樟科	樟属	丈亭镇	汇头	东岙（汇头村东岙A区16号门前）	121.270528	30.047462	三级	115	10	270	11	丈亭镇政府
02813110000014	黄檀	Dalbergia hupeana Hance	豆科	黄檀属	丈亭镇	渔溪	余姚三中	121.286496	30.021942	三级	155	11	250	8	丈亭镇政府
02813110000015	樟树	Cinnamomum camphora (Linn.) Presl	樟科	樟属	丈亭镇	渔溪	余姚三中	121.28666944	30.0225556	三级	135	15	240	16	丈亭镇政府
02813110000016	樟树	Cinnamomum camphora (Linn.) Presl	樟科	樟属	丈亭镇	渔溪	余姚三中	121.286812	30.022354	三级	115	16.5	280	15.5	丈亭镇政府
02813110000017	樟树	Cinnamomum camphora (Linn.) Presl	樟科	樟属	丈亭镇	渔溪	余姚三中	121.286489	30.022146	三级	135	14.5	195	16.5	丈亭镇政府

273

（续）

古树编号	中文名	学名	科	属	乡镇	村	小地名	经度（°E）	纬度（°N）	古树等级	树龄	树高	胸围	平均冠幅	管护单位
02813110018	枫杨	Pterocarya stenoptera C. DC.	胡桃科	枫杨属	丈亭镇	寺前王	朱家车	121.290381	30.05426	三级	120	18.5	340	19	丈亭镇政府
02811200001	银杏	Ginkgo biloba Linn.	银杏科	银杏属	梁弄镇	让贤	钱库岙岙中	121.084386	29.851142	一级	515	20	330	15	梁弄镇政府
02811200002	银杏	Ginkgo biloba Linn.	银杏科	银杏属	梁弄镇	让贤	钱库岙岙中	121.08633889	29.85154167	一级	515	32	560	14.5	梁弄镇政府
02813200003	银杏	Ginkgo biloba Linn.	银杏科	银杏属	梁弄镇	让贤	钱库岙岙头海小溪边	121.088444	29.851798	三级	215	17	340	13.5	梁弄镇政府
02813200004	樟树	Cinnamomum camphora (Linn.) Presl	樟科	樟属	梁弄镇	让贤	观塘	121.081992	29.869587	三级	115	22	235	5	梁弄镇政府
02813200005	银杏	Ginkgo biloba Linn.	银杏科	银杏属	梁弄镇	让贤	观塘	121.081894	29.869341	三级	115	25	260	11.5	梁弄镇政府
02813200006	银杏	Ginkgo biloba Linn.	银杏科	银杏属	梁弄镇	让贤	杨家山	121.086198	29.864651	三级	115	25	300	11.5	梁弄镇政府
02813200007	樟树	Cinnamomum camphora (Linn.) Presl	樟科	樟属	梁弄镇	横坎头	紫溪66号前	121.08087222	29.876725	三级	215	18	385	21	梁弄镇政府
02813200008	樟树	Cinnamomum camphora (Linn.) Presl	樟科	樟属	梁弄镇	横坎头	紫溪后山山腰	121.081775	29.877122	三级	195	16	340	14	梁弄镇政府
02813200009	枫杨	Pterocarya stenoptera C. DC.	胡桃科	枫杨属	梁弄镇	白水冲	道士山	121.098718	29.874809	三级	195	20	315	20	梁弄镇政府
02813200010	枫杨	Pterocarya stenoptera C. DC.	胡桃科	枫杨属	梁弄镇	白水冲	道士山（溪边鸡岙劳）	121.09917222	29.87498889	三级	215	20	335	25	梁弄镇政府
02813200011	枫香	Liquidambar formosana Hance	金缕梅科	枫香树属	梁弄镇	白水冲	道士山	121.095661	29.87562	三级	115	20	235	13	梁弄镇政府
02813200012	樟树	Cinnamomum camphora (Linn.) Presl	樟科	樟属	梁弄镇	东溪	斤岭下	121.10465556	29.89989444	三级	165	14	270	13.5	梁弄镇政府
02812200013	樟树	Cinnamomum camphora (Linn.) Presl	樟科	樟属	梁弄镇	东溪	斤岭下	121.10473056	29.89999167	二级	415	20	880	24.5	梁弄镇政府
02813200014	枫杨	Pterocarya stenoptera C. DC.	胡桃科	枫杨属	梁弄镇	东溪	斤岭下	121.107244	29.899161	三级	215	15	250	14	梁弄镇政府
02813200015	枫杨	Pterocarya stenoptera C. DC.	胡桃科	枫杨属	梁弄镇	东溪	斤岭下	121.105516	29.89951	三级	215	11	250	12.5	梁弄镇政府
02813200016	枫杨	Pterocarya stenoptera C. DC.	胡桃科	枫杨属	梁弄镇	东溪	斤岭下	121.103445	29.901473	三级	215	14	250	17	梁弄镇政府
02813200017	枫杨	Pterocarya stenoptera C. DC.	胡桃科	枫杨属	梁弄镇	东溪	斤岭下7号门前	121.103958	29.900903	三级	215	9	250	12	梁弄镇政府
02813200018	枫杨	Pterocarya stenoptera C. DC.	胡桃科	枫杨属	梁弄镇	东溪	金字岙86号溪对面	121.090764	29.911433	三级	115	12	340	16.5	梁弄镇政府
02813200019	银杏	Ginkgo biloba Linn.	银杏科	银杏属	梁弄镇	贺溪	堍头	121.045303	29.912147	三级	215	22	290	12.5	梁弄镇政府
02813200020	枫香	Liquidambar formosana Hance	金缕梅科	枫香树属	梁弄镇	贺溪	建隆村口	121.03012222	29.90470556	三级	165	17	230	11	梁弄镇政府
02813200021	枫香	Liquidambar formosana Hance	金缕梅科	枫香树属	梁弄镇	贺溪	建隆村口	121.03013611	29.90467222	三级	165	20	295	13.5	梁弄镇政府
02813200022	枫香	Liquidambar formosana Hance	金缕梅科	枫香树属	梁弄镇	贺溪	建隆村口	121.030393	29.904466	三级	115	19	190	11	梁弄镇政府
02813200023	枫香	Liquidambar formosana Hance	金缕梅科	枫香树属	梁弄镇	贺溪	建隆	121.030494	29.90442	三级	165	20	220	10	梁弄镇政府
02813200024	银杏	Ginkgo biloba Linn.	银杏科	银杏属	梁弄镇	贺溪	建隆	121.027037	29.904342	三级	115	19	230	8	梁弄镇政府
02813200025	银杏	Ginkgo biloba Linn.	银杏科	银杏属	梁弄镇	东山	蔡家	121.037438	29.895928	三级	115	25	235	10	梁弄镇政府
02813200026	银杏	Ginkgo biloba Linn.	银杏科	银杏属	梁弄镇	东山	汪家溪14号溪边	121.039032	29.901039	三级	215	25	292	13	梁弄镇政府
02812200027	罗汉松	Podocarpus macrophyllus (Thunb.) Sweet	罗汉松科	罗汉松属	梁弄镇	东山	汪家溪边66号	121.039867	29.899388	二级	415	13	270	9	黄国军

古树编号	中文名	学名	科	属	乡镇	村	小地名	经度（°E）	纬度（°N）	古树等级	树龄	树高	胸围	平均冠幅	管护单位
02813120 00028	樟树	Cinnamomum camphora (Linn.) Presl	樟科	樟属	梁弄镇	汪巷	村委门口	121.06412778	29.89811111	三级	215	15	285	14.5	梁弄镇政府
02813120 00029	樟树	Cinnamomum camphora (Linn.) Presl	樟科	樟属	梁弄镇	汪巷	村委门口	121.06414722	29.89807778	三级	215	17	295	17	梁弄镇政府
02813120 00030	樟树	Cinnamomum camphora (Linn.) Presl	樟科	樟属	梁弄镇	横坎头	大岭下村口	121.070216	29.882411	三级	135	15	400	16	梁弄镇政府
02812120 00031	樟树	Cinnamomum camphora (Linn.) Presl	樟科	樟属	梁弄镇	横坎头	大岭下19号	121.06798889	29.88152778	二级	315	20	440	12.5	梁弄镇政府
02813120 00032	樟树	Cinnamomum camphora (Linn.) Presl	樟科	樟属	梁弄镇	横坎头	大岭下	121.06825556	29.88196111	三级	215	25	340	9.5	梁弄镇政府
02813120 00033	枫杨	Pterocarya stenoptera C. DC.	胡桃科	枫杨属	梁弄镇	东溪	大池头	121.082308	29.913197	三级	215	16	350	14.5	梁弄镇政府
02813120 00034	银杏	Ginkgo biloba Linn.	银杏科	银杏属	梁弄镇	东溪	大池头	121.081374	29.913268	三级	115	18	435	12	梁弄镇政府
02813120 00035	樟树	Cinnamomum camphora (Linn.) Presl	樟科	樟属	梁弄镇	雅贤	下湖	121.072478	29.962533	三级	265	16	365	18	梁弄镇政府
02813120 00036	枫杨	Pterocarya stenoptera C. DC.	胡桃科	枫杨属	梁弄镇	东溪	斤岭下	121.1052667	29.89977778	三级	215	18	330	15	梁弄镇政府
02813120 00037	枫杨	Pterocarya stenoptera C. DC.	胡桃科	枫杨属	梁弄镇	东溪	斤岭下	121.1051083	29.89995278	三级	215	18	330	16.5	梁弄镇政府
02813120 00038	枫杨	Pterocarya stenoptera C. DC.	胡桃科	枫杨属	梁弄镇	东溪	斤岭下	121.1051	29.89997778	三级	215	14	250	10	梁弄镇政府
02813120 00039	枫杨	Pterocarya stenoptera C. DC.	胡桃科	枫杨属	梁弄镇	东溪	斤岭下	121.1049694	29.90014444	三级	215	12	290	10	梁弄镇政府
02813120 00040	枫杨	Pterocarya stenoptera C. DC.	胡桃科	枫杨属	梁弄镇	东溪	斤岭下	121.1052222	29.89985556	三级	215	17	330	14.5	梁弄镇政府
02813120 00041	枫杨	Pterocarya stenoptera C. DC.	胡桃科	枫杨属	梁弄镇	东溪	斤岭下	121.1050778	29.90020833	三级	215	15	250	17.5	梁弄镇政府
02813120 00042	枫杨	Pterocarya stenoptera C. DC.	胡桃科	枫杨属	梁弄镇	东溪	斤岭下	121.1049083	29.90040833	三级	215	16	360	13	梁弄镇政府
02813120 00043	枫杨	Pterocarya stenoptera C. DC.	胡桃科	枫杨属	梁弄镇	东溪	斤岭下	121.1048806	29.90052222	三级	215	19	255	20	梁弄镇政府
02813120 00044	枫杨	Pterocarya stenoptera C. DC.	胡桃科	枫杨属	梁弄镇	东溪	斤岭下	121.1047444	29.90055278	三级	215	17	200	15	梁弄镇政府
02813120 00045	枫杨	Pterocarya stenoptera C. DC.	胡桃科	枫杨属	梁弄镇	东溪	斤岭下	121.1049833	29.9004	三级	215	18	180	10.5	梁弄镇政府
02813120 00046	枫杨	Pterocarya stenoptera C. DC.	胡桃科	枫杨属	梁弄镇	东溪	斤岭下	121.1046917	29.90057222	三级	215	17	230	9.5	梁弄镇政府
02812130 00001	枫香	Liquidambar formosana Hance	金缕梅科	枫香树属	陆埠镇	洪山	烈士纪念碑	121.243652	29.925713	二级	450	24	430	16	陆埠镇政府
02813130 00002	樟树	Cinnamomum camphora (Linn.) Presl	樟科	樟属	陆埠镇	徐鲍陈	上楮林庙南	121.280311	29.922723	三级	115	18.5	225	20	徐庆本
02813130 00003	樟树	Cinnamomum camphora (Linn.) Presl	樟科	樟属	陆埠镇	徐鲍陈	部家宅后	121.275153	29.915965	三级	115	17	270	17	陆埠镇政府
02813130 00004	樟树	Cinnamomum camphora (Linn.) Presl	樟科	樟属	陆埠镇	洪山	望石坑	121.249275	29.918003	三级	115	22	260	16.5	陆埠镇政府
02813130 00005	樟树	Cinnamomum camphora (Linn.) Presl	樟科	樟属	陆埠镇	洪山	望石坑	121.249216	29.918048	三级	115	19.5	210	8.5	陆埠镇政府
02813130 00006	樟树	Cinnamomum camphora (Linn.) Presl	樟科	樟属	陆埠镇	洪山	望石坑	121.249294	29.918075	三级	115	16	235	10.5	陆埠镇政府
02812130 00007	樟树	Cinnamomum camphora (Linn.) Presl	樟科	樟属	陆埠镇	洪山	望石坑	121.24711	29.91797	二级	315	19	620	16	陆埠镇政府
02813130 00008	樟树	Cinnamomum camphora (Linn.) Presl	樟科	樟属	陆埠镇	洪山	望石坑	121.249269	29.918266	三级	115	17	225	9.5	陆埠镇政府
02813130 00009	枫杨	Pterocarya stenoptera C. DC.	胡桃科	枫杨属	陆埠镇	洪山	庙下张溪边	121.24701	29.90956	三级	235	21	420	17	陆埠镇政府
02813130 00010	枫杨	Pterocarya stenoptera C. DC.	胡桃科	枫杨属	陆埠镇	洪山	庙下张溪边	121.246376	29.909319	三级	235	18	490	16	陆埠镇政府
02813130 00011	马尾松	Pinus massoniana Lamb.	松科	松属	陆埠镇	洪山	庙下张后山半山腰	121.245959	29.907783	三级	165	27	240	8.5	陆埠镇政府

（续）

古树编号	中文名	学名	科	属	乡镇	村	小地名	经度（°E）	纬度（°N）	古树等级	树龄	树高	胸围	平均冠幅	管护单位
02812121300012	圆柏	*Sabina chinensis* (Linn.) Ant.	柏科	圆柏属	陆埠镇	洪山	华盖山	121.2315111	29.89488056	二级	435	12.5	265	7.5	陆埠镇政府
02812121300013	枫杨	*Pterocarya stenoptera* C. DC.	胡桃科	枫杨属	陆埠镇	洪山	华盖山池塘边	121.232223	29.895572	二级	415	15	500	10.5	陆埠镇政府
02813131300014	枫杨	*Pterocarya stenoptera* C. DC.	胡桃科	枫杨属	陆埠镇	裘岙	庙根下	121.21768	29.895389	三级	215	25	350	13.5	陆埠镇政府
02813131300015	朴树	*Celtis sinensis* Pers.	榆科	朴属	陆埠镇	裘岙	庙根下	121.217698	29.895468	三级	215	16	245	8	陆埠镇政府
02813131300016	金钱松	*Pseudolarix amabilis* (Nelson) Rehd.	松科	金钱松属	陆埠镇	袁马	陈巴岭113号门前	121.189591	29.896658	三级	265	35	355	21	陆埠镇政府
02813131300017	银杏	*Ginkgo biloba* Linn.	银杏科	银杏属	陆埠镇	袁马	陈巴岭113号门前	121.189537	29.89683	三级	115	22	275	11.5	陆埠镇政府
02813131300018	樟树	*Cinnamomum camphora* (Linn.) Presl	樟科	樟属	陆埠镇	袁马	上方宅旁	121.223091	29.916527	三级	165	22	355	14	陆埠镇政府
02813131300019	枫香	*Liquidambar formosana* Hance	金缕梅科	枫香树属	陆埠镇	杜徐岙	上陈竹林村	121.206692	29.921036	三级	115	30	340	15	陆埠镇政府
02813131300020	樟树	*Cinnamomum camphora* (Linn.) Presl	樟科	樟属	陆埠镇	杜徐岙	上陈樟树亭	121.213144	29.922874	三级	205	19.5	470	21	陆埠镇政府
02812121300021	樟树	*Cinnamomum camphora* (Linn.) Presl	樟科	樟属	陆埠镇	石门	永兴庙	121.19012	29.9502	三级	315	15	420	22	陆埠镇政府
02813131300022	桂花（金桂）	*Osmanthus fragrans* (Thunb.) Lour.	木犀科	木犀属	陆埠镇	石门	石门溪边	121.1870972	29.93275	三级	115	11.5	160	9	陆埠镇政府
02813131300023	三角槭	*Acer buergerianum* Miq.	槭树科	槭属	陆埠镇	石门	鲁岙溪边	121.175075	29.933648	三级	215	19.5	290	11	陆埠镇政府
02813131300024	黄檀	*Dalbergia hupeana* Hance	豆科	黄檀属	陆埠镇	兰山	梅岭庙后宅旁	121.19759	29.928912	三级	115	22	85	3	陆埠镇政府
02813131300025	樟树	*Cinnamomum camphora* (Linn.) Presl	樟科	樟属	陆埠镇	兰山	梅岭47号	121.199653	29.930824	三级	295	16	378	11.5	陆埠镇政府
02813131300026	樟树	*Cinnamomum camphora* (Linn.) Presl	樟科	樟属	陆埠镇	兰山	梅岭47号	121.199607	29.930916	三级	245	18	270	15	陆埠镇政府
02813131300027	苦槠	*Castanopsis sclerophylla* (Lindl.) Schott.	壳斗科	锥属	陆埠镇	干溪	近山后山竹林内	121.231556	29.97061	三级	215	17	440	10.5	陆埠镇政府
02813131300028	枫香	*Liquidambar formosana* Hance	金缕梅科	枫香树属	陆埠镇	干溪	里岗	121.240982	29.96337	三级	215	24	445	13.5	陆埠镇政府
02813131300029	枫香	*Liquidambar formosana* Hance	金缕梅科	枫香树属	陆埠镇	干溪	里岗	121.24081	29.963556	三级	215	23	345	16	陆埠镇政府
02813131300030	枫杨	*Pterocarya stenoptera* C. DC.	胡桃科	枫杨属	陆埠镇	干溪	路西45号旁	121.227157	29.963935	三级	215	6	280	5.5	陆埠镇政府
02813131300031	枫杨	*Pterocarya stenoptera* C. DC.	胡桃科	枫杨属	陆埠镇	干溪	路西28号宅内	121.226655	29.964086	三级	215	14.5	260	9.5	陆埠镇政府
02813131300032	樟树	*Cinnamomum camphora* (Linn.) Presl	樟科	樟属	陆埠镇	干溪	桑园	121.22325	29.97264722	三级	115	17	210	15.5	陆埠镇政府
02813131300033	樟树	*Cinnamomum camphora* (Linn.) Presl	樟科	樟属	陆埠镇	干溪	桑园	121.223171	29.972527	三级	115	22	210	12	陆埠镇政府
02813131300034	樟树	*Cinnamomum camphora* (Linn.) Presl	樟科	樟属	陆埠镇	南雷	魏家溪旁	121.216596	29.980436	三级	265	14	335	18.5	陆埠镇政府
02813131300035	枫香	*Liquidambar formosana* Hance	金缕梅科	枫香树属	陆埠镇	南雷	十五岙149号	121.213399	29.991346	三级	295	19	445	12.5	陆埠镇政府
02812121300036	樟树	*Cinnamomum camphora* (Linn.) Presl	樟科	樟属	陆埠镇	南雷	十五岙149号对面	121.21370556	29.98999167	二级	315	15.5	470	17	陆埠镇政府
02812121300037	樟树	*Cinnamomum camphora* (Linn.) Presl	樟科	樟属	陆埠镇	南雷	庙后1号旁	121.211089	29.993324	二级	315	14.5	500	13	陆埠镇政府
02812121300038	樟树	*Cinnamomum camphora* (Linn.) Presl	樟科	樟属	陆埠镇	南雷	庙后刹湖庙内	121.212615	29.991174	二级	415	20	300	17	陆埠镇政府
02812121300039	樟树	*Cinnamomum camphora* (Linn.) Presl	樟科	樟属	陆埠镇	南雷	庙后刹湖庙内	121.212669	29.991235	二级	375	20	340	18.5	陆埠镇政府

（续）

古树编号	中文名	学名	科	属	乡镇	村	小地名	经度(°E)	纬度(°N)	古树等级	树龄	树高	胸围	平均冠幅	管护单位
02813130300040	樟树	Cinnamomum camphora (Linn.) Presl	樟科	樟属	陆埠镇	南雷	白鹤桥河旁	121.222713	30.006452	三级	265	15	340	12	陆埠镇政府
02813130300041	樟树	Cinnamomum camphora (Linn.) Presl	樟科	樟属	陆埠镇	官路沿	下洋盆21号旁	121.288072	29.973405	三级	115	19.5	240	15.5	陆埠镇政府
02813130300042	樟树	Cinnamomum camphora (Linn.) Presl	樟科	樟属	陆埠镇	官路沿	下洋盆21号旁	121.288022	29.973428	三级	115	19.5	260	15	陆埠镇政府
02813130300043	山皂荚	Gleditsia japonica Miq.	豆科	皂荚属	陆埠镇	官路沿	官中107号门前	121.275539	29.987139	三级	215	11.5	270	11.5	陆埠镇政府
02813130300044	枫杨	Pterocarya stenoptera C. DC.	胡桃科	枫杨属	陆埠镇	兰溪村	桥东溪旁	121.231788	29.991758	三级	115	18	380	18.5	陆埠镇政府
02813130300045	樟树	Cinnamomum camphora (Linn.) Presl	樟科	樟属	陆埠镇	袁马	洪山小学溪边	121.222767	29.931247	三级	220	19	310	20.5	陆埠镇政府
02813130300046	樟树	Cinnamomum camphora (Linn.) Presl	樟科	樟属	陆埠镇	袁马	洪山小学溪边	121.22352	29.931863	三级	100	11.5	185	12.5	陆埠镇政府
02813130300047	樟树	Cinnamomum camphora (Linn.) Presl	樟科	樟属	陆埠镇	杜徐盆	下陈公交停靠站旁	121.215497	29.92586	三级	220	14.5	320	16.5	陆埠镇政府
02813130300048	枫杨	Pterocarya stenoptera C. DC.	胡桃科	枫杨属	陆埠镇	干溪	路西45号旁	121.226866	29.96431	三级	215	16.5	270	12.5	陆埠镇政府
02813140400001	樟树	Cinnamomum camphora (Linn.) Presl	樟科	樟属	大隐镇	学士桥	舒夹盆51号门前	121.366821	29.945525	三级	135	15	245	14.5	大隐镇政府
02813140400002	樟树	Cinnamomum camphora (Linn.) Presl	樟科	樟属	大隐镇	学士桥	金夹盆天师殿	121.35809722	29.93567222	三级	125	16	205	18	大隐镇政府
02813140400003	樟树	Cinnamomum camphora (Linn.) Presl	樟科	樟属	大隐镇	学士桥	金夹盆天师殿	121.35803889	29.93565833	三级	175	18	285	14.5	大隐镇政府
02813140400004	樟树	Cinnamomum camphora (Linn.) Presl	樟科	樟属	大隐镇	学士桥	金夹盆	121.358	29.935675	三级	175	16	205	11.5	大隐镇政府
02813140400005	樟树	Cinnamomum camphora (Linn.) Presl	樟科	樟属	大隐镇	学士桥	金夹盆	121.35791111	29.93571944	三级	165	14.5	205	11.5	大隐镇政府
02812140400006	樟树	Cinnamomum camphora (Linn.) Presl	樟科	樟属	大隐镇	学士桥	小隐村河道旁	121.368303	29.949484	二级	325	15	310	18	大隐镇政府
02813140400007	樟树	Cinnamomum camphora (Linn.) Presl	樟科	樟属	大隐镇	学士桥	金夹盆消防取水点	121.35579	29.936064	三级	209	7.5	310	13.5	大隐镇政府
02813140400008	樟树	Cinnamomum camphora (Linn.) Presl	樟科	樟属	大隐镇	大隐	大隐村山王殿路101号	121.368364	29.938123	一级	515	24	415	18.5	大隐镇政府
02811140400009	樟树	Cinnamomum camphora (Linn.) Presl	樟科	樟属	大隐镇	大隐	大隐创腾机电厂	121.36468	29.933312	一级	1215	24	935	24	大隐镇政府
02813140400010	枫香	Liquidambar formosana Hance	金缕梅科	枫香树属	大隐镇	大隐	小学后东北方	121.365069	29.93293	三级	265	28	310	13	大隐镇政府
02813140400011	樟树	Cinnamomum camphora (Linn.) Presl	樟科	樟属	大隐镇	大隐	小学后	121.364613	29.932552	三级	265	18	500	14.5	大隐镇政府
02813140400012	樟树	Cinnamomum camphora (Linn.) Presl	樟科	樟属	大隐镇	大隐	余姚恒耀汽车电器有限公司	121.361435	29.931446	三级	215	21	310	19.5	大隐镇政府
02813140400013	樟树	Cinnamomum camphora (Linn.) Presl	樟科	樟属	大隐镇	大隐	注塑机厂内	121.360946	29.930868	三级	265	16	370	15	大隐镇政府
02813140400014	枫杨	Pterocarya stenoptera C. DC.	胡桃科	枫杨属	大隐镇	云旱	陆家	121.362099	29.911479	三级	210	21.5	245	18	大隐镇政府
02813140400015	枫杨	Pterocarya stenoptera C. DC.	胡桃科	枫杨属	大隐镇	云旱	陆家农家内	121.364451	29.91244	三级	175	18	275	14	大隐镇政府
02811140400016	银杏	Ginkgo biloba Linn.	银杏科	银杏属	大隐镇	章山	水库对面	121.342142	29.929453	一级	715	15	505	12.5	大隐镇政府
02813140400017	樟树	Cinnamomum camphora (Linn.) Presl	樟科	樟属	大隐镇	芝林	岭下竹林内	121.304148	29.929972	三级	265	20	370	15	大隐镇政府

（续）

古树编号	中文名	学名	科	属	乡镇	村	小地名	经度（°E）	纬度（°N）	古树等级	树龄	树高	胸围	平均冠幅	管护单位
02813140018	樟树	Cinnamomum camphora (Linn.) Presl	樟科	樟属	大隐镇	芝林	岭下竹林内	121.30420833	29.9298611	三级	215	15	300	14	大隐镇政府
02813150001	圆柏	Sabina chinensis (Linn.) Ant.	柏科	圆柏属	大岚镇	大岚	邱庄	121.114925	29.830838	三级	195	15	325	6	大岚镇政府
02812150002	圆柏	Sabina chinensis (Linn.) Ant.	柏科	圆柏属	大岚镇	大岚	邱庄	121.114879	29.830886	二级	365	17	215	9	大岚镇政府
02813150003	金钱松	Pseudolarix amabilis (Nelson) Rehd.	松科	金钱松属	大岚镇	大岚	升仙桥	121.11712222	29.82948333	三级	135	18	170	15	大岚镇政府
02813150004	金钱松	Pseudolarix amabilis (Nelson) Rehd.	松科	金钱松属	大岚镇	大岚	升仙桥	121.11708333	29.82952222	三级	165	19	220	14	大岚镇政府
02813150005	朴树	Celtis sinensis Pers.	榆科	朴属	大岚镇	大岚	升仙桥	121.117283	29.779427	三级	165	10	175	7	大岚镇政府
02813150006	枫杨	Pterocarya stenoptera C. DC.	胡桃科	枫杨属	大岚镇	大岚	升仙桥	121.11718611	29.82946944	三级	165	11	345	10	大岚镇政府
02811500007	金钱松	Pseudolarix amabilis (Nelson) Rehd.	松科	金钱松属	大岚镇	大岚	四丰	121.119565	29.837036	一级	515	25	315	13	大岚镇政府
02811500008	金钱松	Pseudolarix amabilis (Nelson) Rehd.	松科	金钱松属	大岚镇	大岚	四丰	121.119643	29.836967	一级	515	23	340	12	大岚镇政府
02812150009	金钱松	Pseudolarix amabilis (Nelson) Rehd.	松科	金钱松属	大岚镇	大岚	四丰	121.119663	29.836924	二级	315	28	217	9	大岚镇政府
02811500010	金钱松	Pseudolarix amabilis (Nelson) Rehd.	松科	金钱松属	大岚镇	大岚	四丰	121.119719	29.836938	一级	515	25	330	13	大岚镇政府
02811500011	黄檀	Dalbergia hupeana Hance	豆科	黄檀属	大岚镇	大岚	四丰	121.119767	29.836889	一级	515	18	460	5.5	大岚镇政府
02812150012	金钱松	Pseudolarix amabilis (Nelson) Rehd.	松科	金钱松属	大岚镇	大岚	四丰	121.122638	29.836377	二级	300	24	230	10	大岚镇政府
02812150013	金钱松	Pseudolarix amabilis (Nelson) Rehd.	松科	金钱松属	大岚镇	丁家畈	下芝庄	121.1392778	29.820525	二级	415	27	345	13	大岚镇政府
02812150014	金钱松	Pseudolarix amabilis (Nelson) Rehd.	松科	金钱松属	大岚镇	丁家畈	下芝庄	121.13487778	29.82061111	二级	415	34	400	17	大岚镇政府
02813150015	枫杨	Pterocarya stenoptera C. DC.	胡桃科	枫杨属	大岚镇	大俞	大俞坑头	121.14371944	29.76351389	三级	115	23	320	24	大岚镇政府
02811500016	银杏	Ginkgo biloba Linn.	银杏科	银杏属	大岚镇	大俞	下墙门	121.14099167	29.767025	一级	765	21	355	13.5	大岚镇政府
02811500017	榧树	Torreya grandis Fort. ex Lindl.	红豆杉科	榧树属	大岚镇	大俞	下墙门	121.14095278	29.767075	一级	765	23.5	295	12.5	大岚镇政府
02813150018	三角槭	Acer buergerianum Miq.	槭树科	槭属	大岚镇	南岚	陶家坑	121.14204722	29.793025	三级	265	14	220	14	大岚镇政府
02813150019	枫香	Liquidambar formosana Hance	金缕梅科	枫香树属	大岚镇	南岚	陶家坑	121.14192222	29.79275	三级	115	18.5	195	9	大岚镇政府
02813150020	朴树	Celtis sinensis Pers.	榆科	朴属	大岚镇	南岚	西岭下	121.12972778	29.80506667	三级	265	12	280	16.5	大岚镇政府
02811500021	枫杨	Pterocarya stenoptera C. DC.	胡桃科	枫杨属	大岚镇	南岚	蜻蜓岗	121.13001667	29.80904167	一级	515	20	500	18.5	大岚镇政府
02811500022	枫杨	Pterocarya stenoptera C. DC.	胡桃科	枫杨属	大岚镇	南岚	蜻蜓岗	121.12982778	29.80913889	一级	515	18	415	20	大岚镇政府
02813150023	枫杨	Pterocarya stenoptera C. DC.	胡桃科	枫杨属	大岚镇	南岚	蜻蜓岗	121.12967778	29.80931667	三级	135	18	275	15.5	大岚镇政府
02811500024	银杏	Ginkgo biloba Linn.	银杏科	银杏属	大岚镇	上马	新屋	121.150847222	29.83716667	一级	515	20	355	18	大岚镇政府
02812150025	朴树	Celtis sinensis Pers.	榆科	朴属	大岚镇	上马	新屋	121.15056944	29.83698333	二级	365	24	285	14	大岚镇政府
02813150026	黄檀	Dalbergia hupeana Hance	豆科	黄檀属	大岚镇	上马	新屋	121.15052778	29.83693889	三级	165	22	196	8	大岚镇政府
02813150027	枫香	Liquidambar formosana Hance	金缕梅科	枫香树属	大岚镇	上马	新屋	121.15052222	29.83689444	三级	215	21	290	11.5	大岚镇政府
02812150028	圆柏	Sabina chinensis (Linn.) Ant.	柏科	圆柏属	大岚镇	新岚	甘竹	121.162396	29.827655	二级	465	10	290	8.5	大岚镇政府
02812150029	圆柏	Sabina chinensis (Linn.) Ant.	柏科	圆柏属	大岚镇	新岚	村委会后	121.15864	29.828593	二级	465	9	230	5	大岚镇政府
02813150030	圆柏	Sabina chinensis (Linn.) Ant.	柏科	圆柏属	大岚镇	大路下	观溪庙前	121.14159167	29.81841667	三级	125	9.5	110	4	大岚镇政府

古树编号	中文名	学名	科	属	乡镇	村	小地名	经度（°E）	纬度（°N）	古树等级	树龄	树高	胸围	平均冠幅	管护单位
02812150000031	圆柏	Sabina chinensis (Linn.) Ant.	柏科	圆柏属	大岚镇	大路下	观溪庙前	121.1146667	29.81827222	二级	315	12	195	7	大岚镇政府
02812150000032	圆柏	Sabina chinensis (Linn.) Ant.	柏科	圆柏属	大岚镇	大路下	观溪庙前	121.14167778	29.8130278	二级	315	9	150	5.5	大岚镇政府
02812150000033	圆柏	Sabina chinensis (Linn.) Ant.	柏科	圆柏属	大岚镇	大路下	观溪庙前	121.14162778	29.81831667	二级	315	10	120	5.5	大岚镇政府
02811150000034	金钱松	Pseudolarix amabilis (Nelson) Rehd.	松科	金钱松属	大岚镇	柿林	同心古井上路口	121.15522778	29.79481111	一级	515	28	345	14	大岚镇政府
02811150000035	榧树	Torreya grandis Fort. ex Lindl.	红豆杉科	榧树属	大岚镇	柿林	同心古井上路口	121.15510556	29.79479444	一级	515	25	290	15	大岚镇政府
02811150000036	榧树	Torreya grandis Fort. ex Lindl.	红豆杉科	榧树属	大岚镇	柿林	同心古井上路口	121.15524722	29.79485833	一级	515	19	225	6.5	大岚镇政府
02811150000037	榧树	Torreya grandis Fort. ex Lindl.	红豆杉科	榧树属	大岚镇	柿林	同心古井	121.15529444	29.79484722	一级	515	16	190	5	大岚镇政府
02811150000038	榧树	Torreya grandis Fort. ex Lindl.	红豆杉科	榧树属	大岚镇	柿林	同心古井	121.155325	29.79485278	一级	515	17	230	4	大岚镇政府
02811150000039	大叶早樱	Cerasus subhirtella (Miq.) Sok.	蔷薇科	樱属	大岚镇	柿林	古井上路口	121.15453056	29.79485556	一级	815	16	320	14.5	大岚镇政府
02811150000040	榧树	Torreya grandis Fort. ex Lindl.	红豆杉科	榧树属	大岚镇	柿林	同心古井	121.15536667	29.794875	一级	515	21	345	13.5	大岚镇政府
02813150000041	榧树	Torreya grandis Fort. ex Lindl.	红豆杉科	榧树属	大岚镇	柿林	同心古井	121.15534444	29.79497222	三级	215	20	390	13	大岚镇政府
02813150000042	榧树	Torreya grandis Fort. ex Lindl.	红豆杉科	榧树属	大岚镇	柿林	同心古井	121.15521111	29.79493333	三级	215	20	260	13	大岚镇政府
02813150000043	柿	Diospyros kaki Thunb.	柿树科	柿属	大岚镇	柿林	村路口	121.15645278	29.79479444	三级	135	16.5	260	11.5	大岚镇政府
02813150000044	银杏	Ginkgo biloba Linn.	银杏科	银杏属	大岚镇	柿林	家岭头	121.15548056	29.79706667	三级	165	27	300	21	大岚镇政府
02813150000045	银杏	Ginkgo biloba Linn.	银杏科	银杏属	大岚镇	柿林	家岭头	121.15608333	29.79714167	三级	165	27	270	13	大岚镇政府
02813150000046	银杏	Ginkgo biloba Linn.	银杏科	银杏属	大岚镇	柿林	家岭头	121.15614722	29.79702778	三级	165	25.5	215	11.5	大岚镇政府
02812150000047	榧树	Torreya grandis Fort. ex Lindl.	红豆杉科	榧树属	大岚镇	柿林	家岭头	121.7967	29.7967	二级	315	17	380	12	大岚镇政府
02813150000048	柿	Diospyros kaki Thunb.	柿树科	柿属	大岚镇	柿林	家岭头	121.15624722	29.79670278	三级	165	11	290	11	大岚镇政府
02813150000049	银杏	Ginkgo biloba Linn.	银杏科	银杏属	大岚镇	柿林	家岭头	121.15638333	29.79700556	三级	165	22	190	13	大岚镇政府
02813150000050	银杏	Ginkgo biloba Linn.	银杏科	银杏属	大岚镇	柿林	大地下	121.157121	29.796479	三级	165	26	220	14.5	大岚镇政府
02813150000051	银杏	Ginkgo biloba Linn.	银杏科	银杏属	大岚镇	柿林	梅花地坎	121.157775	29.79548611	三级	135	20	260	12.5	大岚镇政府
02813150000052	银杏	Ginkgo biloba Linn.	银杏科	银杏属	大岚镇	柿林	果子坑	121.15916944	29.79458889	三级	165	25	210	18	大岚镇政府
02813150000053	银杏	Ginkgo biloba Linn.	银杏科	银杏属	大岚镇	柿林	果子坑	121.1612	29.79451944	三级	165	29	230	15.5	大岚镇政府
02813150000054	柿	Diospyros kaki Thunb.	柿树科	柿属	大岚镇	柿林	村茶厂前	121.15694444	29.79425833	三级	135	7	222	8	大岚镇政府
02812150000055	榧树	Torreya grandis Fort. ex Lindl.	红豆杉科	榧树属	大岚镇	柿林	柿林村北	121.15496111	29.79532222	二级	365	18	400	14	大岚镇政府
02812150000056	榧树	Torreya grandis Fort. ex Lindl.	红豆杉科	榧树属	大岚镇	柿林	柿林村北	121.15486944	29.79522778	二级	365	14	200	11.5	大岚镇政府
02813150000057	银杏	Ginkgo biloba Linn.	银杏科	银杏属	大岚镇	柿林	村北	121.15481944	29.79616944	三级	105	25	218	16.5	大岚镇政府
02813150000058	榧树	Torreya grandis Fort. ex Lindl.	红豆杉科	榧树属	大岚镇	阴地龙潭	电站背后	121.081981	29.784284	三级	165	18	235	9.5	大岚镇政府

余姚古树名录

余姚古树名录

古树编号	中文名	学名	科	属	乡镇	村	小地名	经度（°E）	纬度（°N）	古树等级	树龄	树高	胸围	平均冠幅	管护单位
02813150059	榧树	Torreya grandis Fort. ex Lindl.	红豆杉科	榧树属	大岚镇	阴地龙潭	玄潭庙对面	121.080837	29.784009	三级	265	13	335	13	大岚镇政府
02812150060	榧树	Torreya grandis Fort. ex Lindl.	红豆杉科	榧树属	大岚镇	阴地龙潭	沙场	121.082666	29.783743	二级	315	13	277	11.5	大岚镇政府
D02812150061	枫香	Liquidambar formosana Hance	金缕梅科	枫香树属	大岚镇	阴地龙潭	沙场	121.082667	29.783862	二级	310	4	330	0	大岚镇政府
02812150062	榧树	Torreya grandis Fort. ex Lindl.	红豆杉科	榧树属	大岚镇	阴地龙潭	沙场	121.082843	29.783903	二级	315	13	375	13	大岚镇政府
02813150063	榧树	Torreya grandis Fort. ex Lindl.	红豆杉科	榧树属	大岚镇	阴地龙潭	运动广场	121.084739	29.783815	三级	215	15	305	5.5	大岚镇政府
02811500064	榧树	Torreya grandis Fort. ex Lindl.	红豆杉科	榧树属	大岚镇	阴地龙潭	王家后门	121.08428056	29.78356667	一级	515	15	400	12.5	大岚镇政府
02813150065	榧树	Torreya grandis Fort. ex Lindl.	红豆杉科	榧树属	大岚镇	阴地龙潭	王家后门	121.08436111	29.78357778	三级	215	13	240	7.5	大岚镇政府
02813150066	榧树	Torreya grandis Fort. ex Lindl.	红豆杉科	榧树属	大岚镇	阴地龙潭	龙潭	121.08303611	29.783425	三级	215	14	325	11.5	大岚镇政府
D02813150067	榧树	Torreya grandis Fort. ex Lindl.	红豆杉科	榧树属	大岚镇	阴地龙潭	龙潭	121.085281	29.783153	三级	160	8	230	0	大岚镇政府
02813150068	榧树	Torreya grandis Fort. ex Lindl.	红豆杉科	榧树属	大岚镇	阴地龙潭	东路下	121.086906	29.787404	三级	215	14	285	13	大岚镇政府
02813150069	银杏	Ginkgo biloba Linn.	银杏科	银杏属	大岚镇	柿林	丹山赤水路口	121.16718611	29.78949167	三级	150	20.5	237	14.5	大岚镇政府
02811600001	樟树	Cinnamomum camphora (Linn.) Presl	樟科	樟属	河姆渡镇	芦山寺	金吾庙门前	121.360989	29.967856	一级	515	12	650	9.5	河姆渡镇政府
02811600002	樟树	Cinnamomum camphora (Linn.) Presl	樟科	樟属	河姆渡镇	芦山寺	金吾庙门前	121.360953	29.96779	一级	515	14	420	13	河姆渡镇政府
02811600003	银杏	Ginkgo biloba Linn.	银杏科	银杏属	河姆渡镇	芦山寺	芦山寺院内	121.36475278	29.96707778	一级	1005	25	415	18.5	河姆渡镇政府
02813160004	樟树	Cinnamomum camphora (Linn.) Presl	樟科	樟属	河姆渡镇	五联	菁龙山菜场溪边	121.25322222	29.94860556	三级	215	17	450	20	河姆渡镇政府
02813160005	樟树	Cinnamomum camphora (Linn.) Presl	樟科	樟属	河姆渡镇	五联	菁龙山42号门前	121.25227222	29.94983333	三级	115	19	265	20.5	河姆渡镇政府
02813160006	樟树	Cinnamomum camphora (Linn.) Presl	樟科	樟属	河姆渡镇	五联	姆岭	121.268661	29.955184	三级	115	17.5	245	15.5	河姆渡镇政府
02813160007	樟树	Cinnamomum camphora (Linn.) Presl	樟科	樟属	河姆渡镇	五联	姆岭	121.26951	29.955296	三级	115	19	430	20	河姆渡镇政府
02813160008	樟树	Cinnamomum camphora (Linn.) Presl	樟科	樟属	河姆渡镇	五联	姆岭公交站劳	121.269658	29.955283	三级	115	19	275	20	河姆渡镇政府
02813160009	枫杨	Pterocarya stenoptera C. DC.	胡桃科	枫杨属	河姆渡镇	五联	史家50号门前	121.298469	29.95883	三级	115	18	310	18	河姆渡镇政府
02812160010	银杏	Ginkgo biloba Linn.	银杏科	银杏属	河姆渡镇	车厩	北区189号对面	121.308463	29.977903	二级	315	19	380	9.5	河姆渡镇政府
02813160011	樟树	Cinnamomum camphora (Linn.) Presl	樟科	樟属	河姆渡镇	河姆渡	徐家56号	121.311855	29.939366	三级	115	18.5	320	22	河姆渡镇政府
02813160012	樟树	Cinnamomum camphora (Linn.) Presl	樟科	樟属	河姆渡镇	河姆渡	上官帝庙前	121.320786	29.943715	三级	215	20	345	20.5	河姆渡镇政府

古树编号	中文名	学名	科	属	乡镇	村	小地名	经度（°E）	纬度（°N）	古树等级	树龄	树高	胸围	平均冠幅	管护单位
02813160013	樟树	Cinnamomum camphora (Linn.) Presl	樟科	樟属	河姆渡镇	河姆渡	上官帝庙前	121.32173	29.943801	三级	115	20	350	19	河姆渡镇政府
02811160014	樟树	Cinnamomum camphora (Linn.) Presl	樟科	樟属	河姆渡镇	河姆渡	冯家屋门后	121.33673056	29.95171111	一级	515	15	595	18.5	河姆渡镇政府
02813160015	朴树	Celtis sinensis Pers.	榆科	朴属	河姆渡镇	江中村	童家2小区55号东侧	121.32376944	29.98696111	三级	170	14	203	14	河姆渡镇政府
02813160016	樟树	Cinnamomum camphora (Linn.) Presl	樟科	樟属	河姆渡镇	河姆渡	上官帝庙前	121.321827	29.943895	三级	115	19	298	12	河姆渡镇政府
02813160017	白杜	Euonymus maackii Rupr.	卫矛科	卫矛属	河姆渡镇	小泾浦	河西36号后竹林内	121.341453	29.987619	三级	135	10	140	6	河姆渡镇政府
02813160018	樟树	Cinnamomum camphora (Linn.) Presl	樟科	樟属	河姆渡镇	罗江	白罗岙	121.369849	29.969149	三级	115	15.5	205	7.5	河姆渡镇政府
02813160019	樟树	Cinnamomum camphora (Linn.) Presl	樟科	樟属	河姆渡镇	罗江	白罗岙	121.369894	29.969127	三级	115	15.5	240	10.5	河姆渡镇政府
02813170001	榧树	Torreya grandis Fort. ex Lindl.	红豆杉科	榧树属	四明山镇	梨洲	岭里	121.10233	29.722374	三级	165	22	200	10.5	四明山镇政府
02813170002	榧树	Torreya grandis Fort. ex Lindl.	红豆杉科	榧树属	四明山镇	梨洲	岭里	121.10222222	29.72226667	三级	165	19.5	195	10.5	四明山镇政府
02813170003	柳杉	Cryptomeria japonica (L. f.) D.Don var. sinensis Sieb.	杉科	柳杉属	四明山镇	梨洲	岭里	121.102084	29.72225	三级	265	22	228	7	四明山镇政府
02813170004	锥栗	Castanea henryi (Skan) Rehd.et Wils.	壳斗科	栗属	四明山镇	梨洲	岭里	121.10201389	29.72223333	三级	115	14	195	6	四明山镇政府
02813170005	柳杉	Cryptomeria japonica (L. f.) D.Don var. sinensis Sieb.	杉科	柳杉属	四明山镇	梨洲	岭里	121.10194722	29.722275	三级	165	18	139	7	四明山镇政府
02813170006	柳杉	Cryptomeria japonica (L. f.) D.Don var. sinensis Sieb.	杉科	柳杉属	四明山镇	梨洲	岭里	121.10194722	29.72227222	三级	165	19	143	6.5	四明山镇政府
02813170007	柳杉	Cryptomeria japonica (L. f.) D.Don var. sinensis Sieb.	杉科	柳杉属	四明山镇	梨洲	岭里	121.101669	29.722317	三级	265	16.5	200	11	四明山镇政府
02813170008	榧树	Torreya grandis Fort. ex Lindl.	红豆杉科	榧树属	四明山镇	梨洲	岭里	121.10372778	29.72501944	三级	165	17	210	7	四明山镇政府
02812170009	枫香	Liquidambar formosana Hance	金缕梅科	枫香树属	四明山镇	梨洲	庙下	121.107002	29.733262	二级	315	21	305	8.5	四明山镇政府
02813170010	柳杉	Cryptomeria japonica (L. f.) D.Don var. sinensis Sieb.	杉科	柳杉属	四明山镇	梨洲	庙下	121.107179	29.733393	三级	215	11.5	200	7	四明山镇政府
02813170011	柳杉	Cryptomeria japonica (L. f.) D.Don var. sinensis Sieb.	杉科	柳杉属	四明山镇	梨洲	庙下	121.10722	29.733544	三级	115	17.5	190	7	四明山镇政府
02813170012	金钱松	Pseudolarix amabilis (Nelson) Rehd.	松科	金钱松属	四明山镇	梨洲	庙下	121.107364	29.732402	三级	115	26	235	10	四明山镇政府
02813170013	玉兰	Magnolia denudata Desr.	木兰科	木兰属	四明山镇	梨洲	寺前	121.112094	29.736571	三级	215	12.5	270	10	四明山镇政府
02813170014	银杏	Ginkgo biloba Linn.	银杏科	银杏属	四明山镇	悬岩	村路口	121.032488	29.758278	二级	365	26	360	17	四明山镇政府
02812170015	枫香	Liquidambar formosana Hance	金缕梅科	枫香树属	四明山镇	悬岩	村后	121.032319	29.759655	二级	365	34	440	28	四明山镇政府
02813170016	柳杉	Cryptomeria japonica (L. f.) D.Don var. sinensis Sieb.	杉科	柳杉属	四明山镇	大山	大山鸟洞口头8号	121.049342	29.760489	三级	115	12.5	132	5	四明山镇政府
02813170017	金钱松	Pseudolarix amabilis (Nelson) Rehd.	松科	金钱松属	四明山镇	大山	朱曹平头	121.042501	29.762969	三级	165	17	210	10.5	四明山镇政府
02813170018	柳杉	Cryptomeria japonica (L. f.) D.Don var. sinensis Sieb.	杉科	柳杉属	四明山镇	大山	朱曹平头	121.042528	29.762978	三级	115	16	160	4	四明山镇政府

（续）

古树编号	中文名	学名	科	属	乡镇	村	小地名	经度（°E）	纬度（°N）	古树等级	树龄	树高	胸围	平均冠幅	管护单位
02813131700019	金钱松	Pseudolarix amabilis (Nelson) Rehd.	松科	金钱松属	四明山镇	大山	朱曹平头	121.04247	29.762441	三级	115	14	145	10	四明山镇政府
02813131700020	金钱松	Pseudolarix amabilis (Nelson) Rehd.	松科	金钱松属	四明山镇	大山	朱曹平头	121.042494	29.762463	三级	115	16	165	7	四明山镇政府
02813131700021	金钱松	Pseudolarix amabilis (Nelson) Rehd.	松科	金钱松属	四明山镇	大山	朱曹平头	121.042392	29.762475	三级	115	15	170	9	四明山镇政府
02813131700022	金钱松	Pseudolarix amabilis (Nelson) Rehd.	松科	金钱松属	四明山镇	大山	朱曹平头	121.042736	29.762385	三级	115	16	160	9	四明山镇政府
02813131700023	金钱松	Pseudolarix amabilis (Nelson) Rehd.	松科	金钱松属	四明山镇	大山	朱曹平头	121.042746	29.762547	三级	115	16	150	9.5	四明山镇政府
02813131700024	金钱松	Pseudolarix amabilis (Nelson) Rehd.	松科	金钱松属	四明山镇	大山	朱曹平头	121.042779	29.762552	三级	135	16.5	165	8.5	四明山镇政府
02813131700025	金钱松	Pseudolarix amabilis (Nelson) Rehd.	松科	金钱松属	四明山镇	大山	朱曹平头	121.042753	29.76279	三级	115	16	190	7.5	四明山镇政府
02813131700026	小叶青冈	Cyclobalanopsis myrsinifolia (Blume) Oersted	壳斗科	青冈属	四明山镇	杨湖	西湖头	121.03071111	29.69770278	三级	215	12	155	8	四明山镇政府
02813131700027	枫香	Liquidambar formosana Hance	金缕梅科	枫香树属	四明山镇	杨湖	西湖头	121.03077222	29.69768611	三级	215	17	170	5.5	四明山镇政府
02813131700028	光叶榉	Zelkova serrata (Thunb.) Makino	榆科	榉属	四明山镇	杨湖	西湖头	121.030698	29.697624	三级	165	11	145	7	四明山镇政府
02813131700029	枫香	Liquidambar formosana Hance	金缕梅科	枫香树属	四明山镇	杨湖	西湖头	121.03068611	29.69771111	三级	215	20	140	8.5	四明山镇政府
02813131700030	枫香	Liquidambar formosana Hance	金缕梅科	枫香树属	四明山镇	杨湖	西湖头	121.03067	29.697811	三级	265	23	220	9	四明山镇政府
02813131700031	光叶榉	Zelkova serrata (Thunb.) Makino	榆科	榉属	四明山镇	杨湖	西湖头	121.030678	29.697766	三级	215	23	180	15	四明山镇政府
02813131700032	马尾松	Pinus massoniana Lamb.	松科	松属	四明山镇	杨湖	田螺里	121.035378	29.700674	三级	215	25	230	8	四明山镇政府
02813131700033	柳杉	Cryptomeria japonica (L. f.) D.Don var. sinensis Sieb.	杉科	柳杉属	四明山镇	平莲	平坑	121.070232	29.717904	三级	115	12.5	138	5.5	四明山镇政府
02813131700034	柳杉	Cryptomeria japonica (L. f.) D.Don var. sinensis Sieb.	杉科	柳杉属	四明山镇	平莲	平坑	121.07020556	29.717775	三级	215	11	165	8	四明山镇政府
02812131700035	金钱松	Pseudolarix amabilis (Nelson) Rehd.	松科	金钱松属	四明山镇	平莲	平坑	121.07015278	29.71769722	三级	115	19	145	9	四明山镇政府
02813131700036	金钱松	Pseudolarix amabilis (Nelson) Rehd.	松科	金钱松属	四明山镇	平莲	平坑	121.070197	29.717722	二级	315	22	255	13	四明山镇政府
02813131700037	刺楸	Kalopanax septemlobus (Thunb.) Koidz.	五加科	刺楸属	四明山镇	平莲	平坑	121.070027	29.717711	三级	165	15	190	8.5	四明山镇政府
02813131700038	柳杉	Cryptomeria japonica (L. f.) D.Don var. sinensis Sieb.	杉科	柳杉属	四明山镇	平莲	平坑	121.070112	29.717773	三级	215	16	188	7	四明山镇政府
02812131700039	金钱松	Pseudolarix amabilis (Nelson) Rehd.	松科	金钱松属	四明山镇	平莲	平坑	121.070109	29.717635	二级	315	18	235	14	四明山镇政府
02812131700040	柳杉	Cryptomeria japonica (L. f.) D.Don var. sinensis Sieb.	杉科	柳杉属	四明山镇	平莲	平坑	121.07036	29.717816	二级	315	9	310	8	四明山镇政府
02811171700041	金钱松	Pseudolarix amabilis (Nelson) Rehd.	松科	金钱松属	四明山镇	芦田	大茶山	121.02351944	29.73680833	一级	565	29	300	13	四明山镇政府
02812131700042	金钱松	Pseudolarix amabilis (Nelson) Rehd.	松科	金钱松属	四明山镇	芦田	大茶山	121.023303	29.736811	二级	465	14	240	9	四明山镇政府
02813131700043	枫香	Liquidambar formosana Hance	金缕梅科	枫香树属	四明山镇	芦田	龙头里	121.023347	29.736275	三级	165	17	180	7	四明山镇政府
02811171700044	金钱松	Pseudolarix amabilis (Nelson) Rehd.	松科	金钱松属	四明山镇	芦田	龙头里	121.023398	29.736179	一级	715	19.5	380	10	四明山镇政府
02812131700045	枫香	Liquidambar formosana Hance	金缕梅科	枫香树属	四明山镇	芦田	龙头里	121.023504	29.736116	二级	315	19.5	232	11.5	四明山镇政府
02812131700046	枫香	Liquidambar formosana Hance	金缕梅科	枫香树属	四明山镇	芦田	大茶山	121.023423	29.736944	二级	315	20	190	9	四明山镇政府

古树编号	中文名	学名	科	属	乡镇	村	小地名	经度（°E）	纬度（°N）	古树等级	树龄	树高	胸围	平均冠幅	管护单位
02813170047	玉兰	Magnolia denudata Desr.	木兰科	木兰属	四明山镇	芦田	大茶山	121.02354	29.736965	三级	115	16	190	10	四明山镇政府
02813170048	玉兰	Magnolia denudata Desr.	木兰科	木兰属	四明山镇	芦田	大茶山	121.023342	29.73694	三级	115	14.5	152	9.5	四明山镇政府
02813170049	枫香	Liquidambar formosana Hance	金缕梅科	枫香树属	四明山镇	芦田	村背后	121.02278056	29.73542222	三级	115	22	245	8.5	四明山镇政府
02813170050	枫香	Liquidambar formosana Hance	金缕梅科	枫香树属	四明山镇	芦田	水塘头	121.022486	29.736114	三级	115	15	165	8	四明山镇政府
02813170051	刺楸	Kalopanax septemlobus (Thunb.) Koidz.	五加科	刺楸属	四明山镇	芦田	水塘头	121.02205	29.736368	三级	165	13	220	5.5	四明山镇政府
02811170052	金钱松	Pseudolarix amabilis (Nelson) Rehd.	松科	金钱松属	四明山镇	芦田	桃尖里	121.024199	29.736448	一级	615	23	360	15.5	四明山镇政府
02812170053	朴树	Celtis sinensis Pers.	榆科	朴属	四明山镇	芦田	小茶山	121.025345	29.737082	二级	365	11	205	12	四明山镇政府
02813170054	金钱松	Pseudolarix amabilis (Nelson) Rehd.	松科	金钱松属	四明山镇	芦田	水库边	121.02469722	29.733275	三级	135	19	222	10.5	四明山镇政府
D02811170055	金钱松	Pseudolarix amabilis (Nelson) Rehd.	松科	金钱松属	四明山镇	芦田	芦田桥口	121.02405	29.73300833	一级	660	11	353	0	四明山镇政府
02813170056	锥栗	Castanea henryi (Skan) Rehd.et Wils.	壳斗科	栗属	四明山镇	梨洲	庙前背	121.111425	29.73200833	三级	115	16	230	12	四明山镇政府
02813170057	锥栗	Castanea henryi (Skan) Rehd.et Wils.	壳斗科	栗属	四明山镇	梨洲	庙前背	121.111286	29.731472	三级	165	24	225	8.5	四明山镇政府
02813170058	锥栗	Castanea henryi (Skan) Rehd.et Wils.	壳斗科	栗属	四明山镇	梨洲	庙前背	121.11148611	29.73161944	三级	265	21	250	11.5	四明山镇政府
02813170059	白栎	Quercus fabri Hance	壳斗科	栎属	四明山镇	梨洲	庙前背	121.111534	29.731526	三级	215	19	150	9	四明山镇政府
02813170060	甜槠	Castanopsis eyrei (Champ. ex Benth.) Tutch.	壳斗科	锥属	四明山镇	梨洲	庙前背	121.11171389	29.73145556	三级	165	18	200	9	四明山镇政府
02813170061	锥栗	Castanea henryi (Skan) Rehd.et Wils.	壳斗科	栗属	四明山镇	梨洲	庙前背	121.11171944	29.73155556	三级	265	18	210	9	四明山镇政府
02812170062	枫香	Liquidambar formosana Hance	金缕梅科	枫香树属	四明山镇	梨洲	后山	121.110014	29.731607	二级	315	22	290	10.5	四明山镇政府
02812170063	枫香	Liquidambar formosana Hance	金缕梅科	枫香树属	四明山镇	梨洲	后山	121.10995556	29.73151944	二级	365	20	300	15.5	四明山镇政府
02812170064	榧树	Torreya grandis Fort. ex Lindl.	红豆杉科	榧树属	四明山镇	梨洲	后山	121.109943	29.731481	二级	315	15	180	10.5	四明山镇政府
02812170065	榧树	Torreya grandis Fort. ex Lindl.	红豆杉科	榧树属	四明山镇	梨洲	庙下	121.108014	29.731386	二级	315	20	300	14	四明山镇政府
02813170066	榧树	Torreya grandis Fort. ex Lindl.	红豆杉科	榧树属	四明山镇	梨洲	庙下	121.10817222	29.73124167	三级	165	15	180	5	四明山镇政府
02813170067	柳杉	Cryptomeria japonica (L. f.) D.Don var. sinensis Sieb.	杉科	柳杉属	四明山镇	梨洲	庙下	121.108015	29.731169	三级	115	21	175	7	四明山镇政府
02813170068	柳杉	Cryptomeria japonica (L. f.) D.Don var. sinensis Sieb.	杉科	柳杉属	四明山镇	梨洲	庙下	121.108316	29.731227	三级	115	12	155	4.5	四明山镇政府
02813170069	榧树	Torreya grandis Fort. ex Lindl.	红豆杉科	榧树属	四明山镇	梨洲	庙下	121.108003	29.731603	三级	265	16	180	5	四明山镇政府
02813170070	枫香	Liquidambar formosana Hance	金缕梅科	枫香树属	四明山镇	北溪	黄泥岭头	121.133482	29.741564	三级	265	24	280	10.5	四明山镇政府
02812170071	圆柏	Sabina chinensis (Linn.) Ant.	柏科	圆柏属	四明山镇	北溪	毕群里	121.13484722	29.74394722	一级	315	14	260	8	四明山镇政府
02811170072	银杏	Ginkgo biloba Linn.	银杏科	银杏属	四明山镇	北溪	仁政祚边	121.131881	29.741534	一级	515	23	500	16	四明山镇政府
02811170073	银杏	Ginkgo biloba Linn.	银杏科	银杏属	四明山镇	北溪	仁政祚边	121.13170278	29.74148611	一级	515	30	350	17.5	四明山镇政府
02811170074	枫杨	Pterocarya stenoptera C. DC.	胡桃科	枫杨属	四明山镇	北溪	仁政祚边	121.131315	29.74153	一级	515	25	450	26	四明山镇政府
02811170075	枫杨	Pterocarya stenoptera C. DC.	胡桃科	枫杨属	四明山镇	北溪	仁政祚边	121.131219	29.741493	一级	515	27	500	25.5	四明山镇政府

余 姚 古 树 名 录

古树编号	中文名	学名	科	属	乡镇	村	小地名	经度（°E）	纬度（°N）	古树等级	树龄	树高	胸围	平均冠幅	管护单位
02811700076	枫香	Liquidambar formosana Hance	金缕梅科	枫香树属	四明山镇	北溪	江夏头	121.132496	29.7425	一级	515	28	500	11	四明山镇政府
02812170077	榧树	Torreya grandis Fort. ex Lindl.	红豆杉科	榧树属	四明山镇	北溪	庙背后	121.131547	29.740016	二级	365	18	245	6	四明山镇政府
02812170078	枫香	Liquidambar formosana Hance	金缕梅科	枫香树属	四明山镇	北溪	庙背后	121.129444	29.741326	二级	315	27	300	13	四明山镇政府
02812170079	柳杉	Cryptomeria japonica (L. f.) D.Don var. sinensis Sieb.	杉科	柳杉属	四明山镇	北溪	庙背后	121.129655	29.741283	二级	315	17	300	7.5	四明山镇政府
02812170080	枫香	Liquidambar formosana Hance	金缕梅科	枫香树属	四明山镇	北溪	庙背后	121.129735	29.741086	二级	315	22	400	10	四明山镇政府
02813170081	枫香	Liquidambar formosana Hance	金缕梅科	枫香树属	四明山镇	北溪	庙背后	121.129586	29.741139	三级	265	23	250	8	四明山镇政府
02813170082	枫香	Liquidambar formosana Hance	金缕梅科	枫香树属	四明山镇	北溪	庙背后	121.129539	29.741229	三级	265	25	240	7.5	四明山镇政府
02813170083	枫香	Liquidambar formosana Hance	金缕梅科	枫香树属	四明山镇	北溪	庙背后	121.129525	29.741248	三级	165	24	220	8.5	四明山镇政府
02813170084	榧树	Torreya grandis Fort. ex Lindl.	红豆杉科	榧树属	四明山镇	茶培	石板坑	121.17971111	29.73311111	三级	105	15	145	5.5	四明山镇政府
02813170085	榧树	Torreya grandis Fort. ex Lindl.	红豆杉科	榧树属	四明山镇	茶培	石板坑	121.17974444	29.73307778	三级	105	16	135	7.5	四明山镇政府
02813170086	榧树	Torreya grandis Fort. ex Lindl.	红豆杉科	榧树属	四明山镇	茶培	石板坑	121.179712	29.733039	三级	105	14	130	6	四明山镇政府
02813170087	榧树	Torreya grandis Fort. ex Lindl.	红豆杉科	榧树属	四明山镇	茶培	石板坑	121.179762	29.732986	三级	105	15	170	9	四明山镇政府
02811700088	金钱松	Pseudolarix amabilis (Nelson) Rehd.	松科	金钱松属	四明山镇	茶培	平头西边窗门	121.159871	29.720505	一级	515	16	360	6.5	四明山镇政府
02813170089	青钱柳	Cyclocarya paliurus (Batal.) Iljinsk.	胡桃科	青钱柳属	四明山镇	茶培	平头西边窗门	121.159825	29.720402	三级	215	16	230	16	四明山镇政府
02811700090	圆柏	Sabina chinensis (Linn.) Ant.	柏科	圆柏属	四明山镇	茶培	平头西边窗门	121.159772	29.720385	一级	515	6	235	7.5	四明山镇政府
02813170091	云山青冈	Cyclobalanopsis sessilifolia (Blume) Schott.	壳斗科	青冈属	四明山镇	茶培	马路边	121.145069	29.725762	三级	135	10	225	9	四明山镇政府
02813170092	南方红豆杉	Taxus wallichiana Zucc. var. mairei (Lemée et Lévl.) L. K. Fu et Nan Li	红豆杉科	红豆杉属	四明山镇	北溪	树三湾	121.13557222	29.73881944	三级	115	9	170	6	四明山镇政府
02811700093	枫香	Liquidambar formosana Hance	金缕梅科	枫香树属	四明山镇	唐田	半岭庵	121.13037222	29.68792778	一级	616	27	400	23	四明山镇政府
02812170094	枫香	Liquidambar formosana Hance	金缕梅科	枫香树属	四明山镇	唐田	高坪	121.11846389	29.69922111	二级	365	19	320	9	四明山镇政府
02812170095	南方红豆杉	Taxus wallichiana Zucc. var. mairei (Lemée et Lévl.) L. K. Fu et Nan Li	红豆杉科	红豆杉属	四明山镇	唐田	后门山	121.119251	29.699788	二级	315	16	255	7	四明山镇政府
02813170096	银杏	Ginkgo biloba Linn.	银杏科	银杏属	四明山镇	唐田	后门山	121.119681	29.700156	三级	105	23	185	7.5	四明山镇政府
02811700097	银杏	Ginkgo biloba Linn.	银杏科	银杏属	四明山镇	唐田	后门山	121.119701	29.700119	一级	515	26	350	10	四明山镇政府
02812170098	南方红豆杉	Taxus wallichiana Zucc. var. mairei (Lemée et Lévl.) L. K. Fu et Nan Li	红豆杉科	红豆杉属	四明山镇	唐田	老虎头	121.121194	29.701426	二级	315	16	230	5.5	四明山镇政府
02813170099	榧树	Torreya grandis Fort. ex Lindl.	红豆杉科	榧树属	四明山镇	唐田	老虎头	121.121152	29.701456	三级	215	15	175	5.5	四明山镇政府
02812170100	南方红豆杉	Taxus wallichiana Zucc. var. mairei (Lemée et Lévl.) L. K. Fu et Nan Li	红豆杉科	红豆杉属	四明山镇	唐田	屋基园	121.121137	29.701578	二级	315	18	250	9.5	四明山镇政府
02811700101	金钱松	Pseudolarix amabilis (Nelson) Rehd.	松科	金钱松属	四明山镇	唐田	下村	121.120678	29.701224	一级	515	23	380	13	四明山镇政府
02812170102	柳杉	Cryptomeria japonica (L. f.) D.Don var. sinensis Sieb.	杉科	柳杉属	四明山镇	唐田	下庙	121.122505	29.701988	二级	315	22	270	10.5	四明山镇政府

古树编号	中文名	学名	科	属	乡镇	村	小地名	经度（°E）	纬度（°N）	古树等级	树龄	树高	胸围	平均冠幅	管护单位
0281317000103	柳杉	Cryptomeria japonica (L. f.) D.Don var. sinensis Sieb.	杉科	柳杉属	四明山镇	唐田	下庙	121.12256111	29.70192778	三级	115	15	150	5	四明山镇政府
0281317000104	柳杉	Cryptomeria japonica (L. f.) D.Don var. sinensis Sieb.	杉科	柳杉属	四明山镇	唐田	下庙	121.12258056	29.70190833	三级	115	16	148	4	四明山镇政府
0281217000105	柳杉	Cryptomeria japonica (L. f.) D.Don var. sinensis Sieb.	杉科	柳杉属	四明山镇	唐田	下庙	121.12258889	29.70188889	三级	115	16	160	5.5	四明山镇政府
0281317000106	柳杉	Cryptomeria japonica (L. f.) D.Don var. sinensis Sieb.	杉科	柳杉属	四明山镇	唐田	庙下	121.1222799	29.701806	三级	115	16	150	6	四明山镇政府
0281217000107	榧树	Torreya grandis Fort. ex Lindl.	红豆杉科	榧树属	四明山镇	唐田	庙背后	121.122049	29.702613	二级	315	18	220	4.5	四明山镇政府
0281217000108	圆柏	Sabina chinensis (Linn.) Ant.	柏科	圆柏属	四明山镇	唐田	下庙小学	121.122229	29.701907	二级	315	15	215	9	四明山镇政府
0281217000109	杭州榆	Ulmus changii Cheng	榆科	榆属	四明山镇	梨洲	大岙18号	121.118474	29.740127	二级	365	31	495	15.5	四明山镇政府
0281217000110	枫杨	Pterocarya stenoptera C. DC.	胡桃科	枫杨属	四明山镇	梨洲	大岙	121.118367	29.739678	二级	315	17	380	21	四明山镇政府
0281317000111	玉兰	Magnolia denudata Desr.	木兰科	木兰属	四明山镇	芦田	小茶山	121.025008	29.737052	三级	100	15	160	8	四明山镇政府
0281317000112	朴树	Celtis sinensis Pers.	榆科	朴属	四明山镇	芦田	水塘头	121.02189167	29.73639722	三级	100	12	180	12.5	四明山镇政府
0281317000113	金钱松	Pseudolarix amabilis (Nelson) Rehd	松科	金钱松属	四明山镇	大山	朱曹平头	121.042797	29.762657	三级	115	15	155	8	四明山镇政府
0281317000114	枫香	Liquidambar formosana Hance	金缕梅科	枫香树属	四明山镇	溪山	滴水岩	121.033577	29.745271	三级	100	34	255	9.5	四明山镇政府
0281317000115	枫香	Liquidambar formosana Hance	金缕梅科	枫香树属	四明山镇	溪山	滴水岩	121.033689	29.74524	三级	100	34	255	10	四明山镇政府
0281217000116	金钱松	Pseudolarix amabilis (Nelson) Rehd.	松科	金钱松属	四明山镇	唐田	庙背后	121.1219111	29.70228056	二级	315	35	245	12	四明山镇政府
0281217000117	金钱松	Pseudolarix amabilis (Nelson) Rehd.	松科	金钱松属	四明山镇	唐田	庙背后	121.1218944	29.70231111	二级	315	30	240	11.5	四明山镇政府
0281317000118	南方红豆杉	Taxus wallichiana Zucc. var. mairei (Lemée et Lévl) L. K. Fu et Nan Li	红豆杉科	红豆杉属	四明山镇	唐田	庙背后	121.1217639	29.70216389	三级	115	12	125	9	四明山镇政府
0281317000119	玉兰	Magnolia denudata Desr.	木兰科	木兰属	四明山镇	唐田	庙背后	121.1217361	29.70213611	三级	265	28	220	9	四明山镇政府
0281317000120	南方红豆杉	Taxus wallichiana Zucc. var. mairei (Lemée et Lévl) L. K. Fu et Nan Li	红豆杉科	红豆杉属	四明山镇	唐田	庙背后	121.1217806	29.70203056	三级	115	11	122	8.5	四明山镇政府
0281317000121	玉兰	Magnolia denudata Desr.	木兰科	木兰属	四明山镇	唐田	庙背后	121.1217028	29.70205556	三级	165	22	180	9.5	四明山镇政府
0281317000122	榧树	Torreya grandis Fort. ex Lindl.	红豆杉科	榧树属	四明山镇	唐田	庙背后	121.1217139	29.70205833	三级	265	23	230	12	四明山镇政府
0281317000123	玉兰	Magnolia denudata Desr.	木兰科	木兰属	四明山镇	唐田	庙背后	121.1216667	29.70196667	三级	165	24	175	7.5	四明山镇政府
0281317000124	榧树	Torreya grandis Fort. ex Lindl.	红豆杉科	榧树属	四明山镇	唐田	庙背后	121.1216556	29.70198056	三级	165	25	200	7.5	四明山镇政府
0281317000125	玉兰	Magnolia denudata Desr.	木兰科	木兰属	四明山镇	唐田	庙背后	121.1215222	29.70195833	三级	265	20	210	13	四明山镇政府
0281317000126	柳杉	Cryptomeria japonica (L. f.) D.Don var. sinensis Sieb.	杉科	柳杉属	四明山镇	唐田	庙背后	121.1214778	29.70194167	三级	115	22	140	5	四明山镇政府
0281317000127	玉兰	Magnolia denudata Desr.	木兰科	木兰属	四明山镇	唐田	庙背后	121.1214806	29.7019389	三级	115	25	150	9.5	四明山镇政府
0281317000128	锥栗	Castanea henryi (Skan) Rehd.et Wils.	壳斗科	栗属	四明山镇	唐田	庙背后	121.121425	29.70178611	三级	215	22	220	14.5	四明山镇政府

古树编号	中文名	学名	科	属	乡镇	村	小地名	经度（°E）	纬度（°N）	古树等级	树龄	树高	胸围	平均冠幅	管护单位
02813170129	榧树	Torreya grandis Fort. ex Lindl.	红豆杉科	榧树属	四明山镇	唐田	庙背后	121.1214361	29.70185	三级	115	15	140	11	四明山镇政府
02813170130	柳杉	Cryptomeria japonica (L. f.) D.Don var. sinensis Sieb.	杉科	柳杉属	四明山镇	平莲	龙岩冈	121.0896056	29.71358056	三级	115	11	152	6.5	四明山镇政府
02813170131	柳杉	Cryptomeria japonica (L. f.) D.Don var. sinensis Sieb.	杉科	柳杉属	四明山镇	平莲	龙岩冈	121.0896583	29.71351389	三级	115	16	166	6.5	四明山镇政府
02813170132	柳杉	Cryptomeria japonica (L. f.) D.Don var. sinensis Sieb.	杉科	柳杉属	四明山镇	平莲	龙岩冈	121.0897028	29.71341944	三级	115	19.5	152	5.5	四明山镇政府
02813170133	柳杉	Cryptomeria japonica (L. f.) D.Don var. sinensis Sieb.	杉科	柳杉属	四明山镇	平莲	龙岩冈	121.0896806	29.71343889	三级	110	12	124	4.5	四明山镇政府
02813170134	柳杉	Cryptomeria japonica (L. f.) D.Don var. sinensis Sieb.	杉科	柳杉属	四明山镇	平莲	龙岩冈	121.0897139	29.71346111	三级	110	19	130	4.5	四明山镇政府
02813170135	柳杉	Cryptomeria japonica (L. f.) D.Don var. sinensis Sieb.	杉科	柳杉属	四明山镇	平莲	龙岩冈	121.0897222	29.71333333	三级	115	14	110	4.5	四明山镇政府
02813170136	柳杉	Cryptomeria japonica (L. f.) D.Don var. sinensis Sieb.	杉科	柳杉属	四明山镇	平莲	龙岩冈	121.0898222	29.71338056	三级	115	15.5	110	5	四明山镇政府
02813170137	柳杉	Cryptomeria japonica (L. f.) D.Don var. sinensis Sieb.	杉科	柳杉属	四明山镇	平莲	龙岩冈	121.0897972	29.71336111	三级	115	16	110	4.5	四明山镇政府
02813170138	柳杉	Cryptomeria japonica (L. f.) D.Don var. sinensis Sieb.	杉科	柳杉属	四明山镇	平莲	龙岩冈	121.0898556	29.71329722	三级	115	16	120	5	四明山镇政府
02813170139	柳杉	Cryptomeria japonica (L. f.) D.Don var. sinensis Sieb.	杉科	柳杉属	四明山镇	平莲	龙岩冈	121.0898944	29.71326944	三级	115	18	112	4	四明山镇政府
02813170140	柳杉	Cryptomeria japonica (L. f.) D.Don var. sinensis Sieb.	杉科	柳杉属	四明山镇	平莲	龙岩冈	121.0898111	29.71323333	三级	115	17	129	5	四明山镇政府
02813170141	柳杉	Cryptomeria japonica (L. f.) D.Don var. sinensis Sieb.	杉科	柳杉属	四明山镇	平莲	龙岩冈	121.0899167	29.71317778	三级	115	17.5	118	5.5	四明山镇政府
02813170142	金钱松	Pseudolarix amabilis (Nelson) Rehd.	松科	金钱松属	四明山镇	平莲	龙岩冈	121.0898389	29.713175	三级	215	14	244	8	四明山镇政府
02813170143	柳杉	Cryptomeria japonica (L. f.) D.Don var. sinensis Sieb.	杉科	柳杉属	四明山镇	平莲	龙岩冈	121.0897778	29.71337222	三级	115	18	125	6	四明山镇政府
02813170144	柳杉	Cryptomeria japonica (L. f.) D.Don var. sinensis Sieb.	杉科	柳杉属	四明山镇	平莲	龙岩冈	121.0898417	29.71330833	三级	115	15.5	110	5.5	四明山镇政府
02813170145	柳杉	Cryptomeria japonica (L. f.) D.Don var. sinensis Sieb.	杉科	柳杉属	四明山镇	平莲	龙岩冈	121.0896056	29.71353889	三级	150	17.5	170	6.5	四明山镇政府
02813170146	柳杉	Cryptomeria japonica (L. f.) D.Don var. sinensis Sieb.	杉科	柳杉属	四明山镇	平莲	龙岩冈	121.0895556	29.71344167	三级	115	18	125	5	四明山镇政府
02813170147	柳杉	Cryptomeria japonica (L. f.) D.Don var. sinensis Sieb.	杉科	柳杉属	四明山镇	平莲	龙岩冈	121.0894306	29.71336667	三级	115	11.5	110	4.5	四明山镇政府
02813170148	金钱松	Pseudolarix amabilis (Nelson) Rehd.	松科	金钱松属	四明山镇	大山	泉家庙	121.04725	29.76068889	三级	135	17.5	168	9.5	四明山镇政府
02813170149	金钱松	Pseudolarix amabilis (Nelson) Rehd.	松科	金钱松属	四明山镇	大山	泉家庙	121.0472278	29.76060556	三级	135	17	150	8.5	四明山镇政府

古树编号	中文名	学名	科	属	乡镇	村	小地名	经度（°E）	纬度（°N）	古树等级	树龄	树高	胸围	平均冠幅	管护单位
02813170000150	金钱松	Pseudolarix amabilis (Nelson) Rehd.	松科	金钱松属	四明山镇	大山	泉家庙	121.0472167	29.76046667	三级	110	13	115	6.5	四明山镇政府
02813170000151	金钱松	Pseudolarix amabilis (Nelson) Rehd.	松科	金钱松属	四明山镇	大山	泉家庙	121.0473889	29.76046944	三级	115	12	133	5.5	四明山镇政府
02813170000152	金钱松	Pseudolarix amabilis (Nelson) Rehd.	松科	金钱松属	四明山镇	大山	泉家庙	121.0472806	29.76044167	三级	115	13	112	5.5	四明山镇政府
02813170000153	金钱松	Pseudolarix amabilis (Nelson) Rehd.	松科	金钱松属	四明山镇	大山	泉家庙	121.0472639	29.76043889	三级	115	12	120	7.5	四明山镇政府
02813170000154	金钱松	Pseudolarix amabilis (Nelson) Rehd.	松科	金钱松属	四明山镇	大山	泉家庙	121.0471972	29.76039167	三级	115	13.5	120	5	四明山镇政府
02813170000155	金钱松	Pseudolarix amabilis (Nelson) Rehd.	松科	金钱松属	四明山镇	大山	泉家庙	121.0470556	29.760425	三级	120	16	150	6	四明山镇政府
02813170000156	金钱松	Pseudolarix amabilis (Nelson) Rehd.	松科	金钱松属	四明山镇	大山	泉家庙	121.0468472	29.76056944	三级	115	13.5	124	7	四明山镇政府
02813170000157	金钱松	Pseudolarix amabilis (Nelson) Rehd.	松科	金钱松属	四明山镇	大山	泉家庙	121.0467111	29.76055	三级	115	14.5	139	9	四明山镇政府
02813170000158	金钱松	Pseudolarix amabilis (Nelson) Rehd.	松科	金钱松属	四明山镇	大山	泉家庙	121.0467944	29.7606	三级	115	13	120	7.5	四明山镇政府
02813170000159	金钱松	Pseudolarix amabilis (Nelson) Rehd.	松科	金钱松属	四明山镇	大山	泉家庙	121.0467472	29.760675	三级	115	14	115	7.5	四明山镇政府
02813170000160	金钱松	Pseudolarix amabilis (Nelson) Rehd.	松科	金钱松属	四明山镇	大山	泉家庙	121.0467167	29.76055278	三级	115	15	115	6.5	四明山镇政府
02813170000161	金钱松	Pseudolarix amabilis (Nelson) Rehd.	松科	金钱松属	四明山镇	大山	泉家庙	121.0466806	29.76058056	三级	115	14	132	9	四明山镇政府
02813170000162	马尾松	Pinus massoniana Lamb.	松科	松属	四明山镇	大山	泉家庙	121.046625	29.76050278	三级	115	9	125	8	四明山镇政府
02813170000163	金钱松	Pseudolarix amabilis (Nelson) Rehd.	松科	金钱松属	四明山镇	大山	泉家庙	121.0465083	29.76053333	三级	115	11	125	7	四明山镇政府
02813170000164	金钱松	Pseudolarix amabilis (Nelson) Rehd.	松科	金钱松属	四明山镇	大山	泉家庙	121.0464111	29.76049167	三级	115	7	135	8	四明山镇政府
02813170000165	金钱松	Pseudolarix amabilis (Nelson) Rehd.	松科	金钱松属	四明山镇	大山	泉家庙	121.0464111	29.76043889	三级	115	12	125	8	四明山镇政府
02813170000166	金钱松	Pseudolarix amabilis (Nelson) Rehd.	松科	金钱松属	四明山镇	大山	泉家庙	121.0470361	29.76083333	三级	150	12	170	8	四明山镇政府
02813170000167	金钱松	Pseudolarix amabilis (Nelson) Rehd.	松科	金钱松属	四明山镇	大山	泉家庙	121.0469667	29.76091111	三级	150	15	205	9	四明山镇政府
02813170000168	金钱松	Pseudolarix amabilis (Nelson) Rehd.	松科	金钱松属	四明山镇	大山	泉家庙	121.0469278	29.76096667	三级	165	18	270	9	四明山镇政府
02813170000169	金钱松	Pseudolarix amabilis (Nelson) Rehd.	松科	金钱松属	四明山镇	大山	泉家庙	121.0468917	29.76100833	三级	165	18	230	8	四明山镇政府
02813170000170	金钱松	Pseudolarix amabilis (Nelson) Rehd.	松科	金钱松属	四明山镇	大山	泉家庙	121.0466	29.76114444	三级	115	12	132	6	四明山镇政府
02813170000171	金钱松	Pseudolarix amabilis (Nelson) Rehd.	松科	金钱松属	四明山镇	大山	泉家庙	121.0465472	29.76109444	三级	135	18	165	5	四明山镇政府
02813170000172	金钱松	Pseudolarix amabilis (Nelson) Rehd.	松科	金钱松属	四明山镇	大山	泉家庙	121.046625	29.76111111	三级	110	18	125	5	四明山镇政府
02813170000173	金钱松	Pseudolarix amabilis (Nelson) Rehd.	松科	金钱松属	四明山镇	大山	泉家庙	121.0466472	29.76110556	三级	165	13	205	6.5	四明山镇政府
02813170000174	金钱松	Pseudolarix amabilis (Nelson) Rehd.	松科	金钱松属	四明山镇	大山	泉家庙	121.0466389	29.76116667	三级	135	16	150	5	四明山镇政府
02813170000175	金钱松	Pseudolarix amabilis (Nelson) Rehd.	松科	金钱松属	四明山镇	大山	泉家庙	121.0466444	29.76109167	三级	110	17	125	6.5	四明山镇政府
02813170000176	金钱松	Pseudolarix amabilis (Nelson) Rehd.	松科	金钱松属	四明山镇	大山	泉家庙	121.046625	29.76106389	三级	150	19	173	8.5	四明山镇政府
02813170000177	金钱松	Pseudolarix amabilis (Nelson) Rehd.	松科	金钱松属	四明山镇	大山	泉家庙	121.0466694	29.76102778	三级	165	19	183	8	四明山镇政府
02813170000178	金钱松	Pseudolarix amabilis (Nelson) Rehd.	松科	金钱松属	四明山镇	大山	泉家庙	121.0466361	29.76098333	三级	165	19	178	9.5	四明山镇政府
02813170000179	金钱松	Pseudolarix amabilis (Nelson) Rehd.	松科	金钱松属	四明山镇	大山	泉家庙	121.0466556	29.76109444	三级	150	20	183	6	四明山镇政府
02813170000180	金钱松	Pseudolarix amabilis (Nelson) Rehd.	松科	金钱松属	四明山镇	大山	泉家庙	121.0467639	29.76108056	三级	165	18	200	8	四明山镇政府

余姚古树名录

古树编号	中文名	学名	科	属	乡镇	村	小地名	经度（°E）	纬度（°N）	古树等级	树龄	树高	胸围	平均冠幅	管护单位
02813170000181	金钱松	Pseudolarix amabilis (Nelson) Rehd.	松科	金钱松属	四明山镇	大山	泉家庙	121.0467889	29.76095	三级	165	16	210	11	四明山镇政府
02813170000182	金钱松	Pseudolarix amabilis (Nelson) Rehd.	松科	金钱松属	四明山镇	大山	泉家庙	121.0467472	29.7609	三级	165	18	220	11.5	四明山镇政府
02813170000183	金钱松	Pseudolarix amabilis (Nelson) Rehd.	松科	金钱松属	四明山镇	大山	泉家庙	121.0470194	29.76012222	三级	115	13	123	6.5	四明山镇政府
02813170000184	金钱松	Pseudolarix amabilis (Nelson) Rehd.	松科	金钱松属	四明山镇	大山	泉家庙	121.0469472	29.76007778	三级	115	14	135	8.5	四明山镇政府
02811170000185	金钱松	Pseudolarix amabilis (Nelson) Rehd.	松科	金钱松属	四明山镇	棠溪	棠溪	121.0472806	29.72426667	一级	515	30.5	255	8.5	四明山镇政府
02811170000186	金钱松	Pseudolarix amabilis (Nelson) Rehd.	松科	金钱松属	四明山镇	棠溪	棠溪	121.0472889	29.72428333	一级	515	30.5	260	9.5	四明山镇政府
02811170000187	枫香	Liquidambar formosana Hance	金缕梅科	枫香树属	四明山镇	棠溪	棠溪	121.0472417	29.72430833	一级	515	19	335	11.5	四明山镇政府
02813170000188	枫香	Liquidambar formosana Hance	金缕梅科	枫香树属	四明山镇	棠溪	棠溪	121.0471222	29.72443611	三级	165	11	195	6.5	四明山镇政府
02813170000189	金钱松	Pseudolarix amabilis (Nelson) Rehd.	松科	金钱松属	四明山镇	棠溪	棠溪	121.0471111	29.72441944	三级	115	17.5	150	11	四明山镇政府
02813170000190	枫香	Liquidambar formosana Hance	金缕梅科	枫香树属	四明山镇	棠溪	棠溪	121.0469389	29.72453333	三级	165	23	195	9.5	四明山镇政府
02813170000191	枫香	Liquidambar formosana Hance	金缕梅科	枫香树属	四明山镇	棠溪	棠溪	121.0469806	29.72456389	三级	115	23	120	9	四明山镇政府
02813170000192	枫香	Liquidambar formosana Hance	金缕梅科	枫香树属	四明山镇	棠溪	棠溪	121.0469139	29.72463056	三级	215	25	210	8	四明山镇政府
02813170000193	枫香	Liquidambar formosana Hance	金缕梅科	枫香树属	四明山镇	棠溪	棠溪	121.0468944	29.724625	三级	115	25	150	6	四明山镇政府
02813170000194	玉兰	Magnolia denudata Desr.	木兰科	木兰属	四明山镇	棠溪	棠溪	121.0469056	29.72466667	三级	115	23	120	10	四明山镇政府
02813170000195	枫香	Liquidambar formosana Hance	金缕梅科	枫香树属	四明山镇	棠溪	棠溪	121.0468889	29.72465	三级	215	26	232	10.5	四明山镇政府
02813170000196	玉兰	Magnolia denudata Desr.	木兰科	木兰属	四明山镇	棠溪	棠溪	121.0468556	29.72471667	三级	135	25	182	13.5	四明山镇政府
02813170000197	枫香	Liquidambar formosana Hance	金缕梅科	枫香树属	四明山镇	棠溪	棠溪	121.0468444	29.72476111	三级	165	26	170	7	四明山镇政府
02813170000198	枫香	Liquidambar formosana Hance	金缕梅科	枫香树属	四明山镇	棠溪	棠溪	121.04685	29.72471944	三级	165	24	155	5.5	四明山镇政府
02813170000199	枫香	Liquidambar formosana Hance	金缕梅科	枫香树属	四明山镇	棠溪	棠溪	121.0467194	29.72481667	三级	165	18	155	11	四明山镇政府
02813170000200	枫香	Liquidambar formosana Hance	金缕梅科	枫香树属	四明山镇	棠溪	棠溪	121.0467361	29.72473056	三级	155	19	158	10	四明山镇政府
02813170000201	枫香	Liquidambar formosana Hance	金缕梅科	枫香树属	四明山镇	棠溪	棠溪	121.0466944	29.72473611	三级	115	18	145	6.5	四明山镇政府
02813170000202	枫香	Liquidambar formosana Hance	金缕梅科	枫香树属	四明山镇	棠溪	棠溪	121.0466667	29.7247	三级	115	19	150	7	四明山镇政府
02812170000203	枫香	Liquidambar formosana Hance	金缕梅科	枫香树属	四明山镇	棠溪	棠溪	121.046675	29.72468056	二级	365	23	250	12.5	四明山镇政府
02813170000204	枫香	Liquidambar formosana Hance	金缕梅科	枫香树属	四明山镇	棠溪	棠溪	121.0465944	29.72469167	三级	115	16	160	9	四明山镇政府
02813170000205	金钱松	Pseudolarix amabilis (Nelson) Rehd.	松科	金钱松属	四明山镇	棠溪	棠溪	121.0466194	29.72460556	三级	115	18	165	12.5	四明山镇政府
02813170000206	枫香	Liquidambar formosana Hance	金缕梅科	枫香树属	四明山镇	棠溪	棠溪	121.0466222	29.72496111	三级	115	19	125	8.5	四明山镇政府
02813170000207	枫香	Liquidambar formosana Hance	金缕梅科	枫香树属	四明山镇	棠溪	棠溪	121.0467028	29.72492222	三级	115	21	130	8	四明山镇政府
02813170000208	朴树	Celtis sinensis Pers.	榆科	朴属	四明山镇	棠溪	棠溪	121.0467139	29.72497222	三级	165	9.5	145	8.5	四明山镇政府
02813170000209	金钱松	Pseudolarix amabilis (Nelson) Rehd.	松科	金钱松属	四明山镇	棠溪	棠溪	121.0466778	29.72497778	三级	115	19	150	8.5	四明山镇政府
02813170000210	金钱松	Pseudolarix amabilis (Nelson) Rehd.	松科	金钱松属	四明山镇	棠溪	棠溪	121.0467278	29.72502778	三级	115	21	125	8.5	四明山镇政府
02813170000211	玉兰	Magnolia denudata Desr.	木兰科	木兰属	四明山镇	棠溪	棠溪	121.046925	29.72497222	三级	115	22	170	6.5	四明山镇政府

古树编号	中文名	学名	科	属	乡镇	村	小地名	经度（°E）	纬度（°N）	古树等级	树龄	树高	胸围	平均冠幅	管护单位
02813170000212	刺楸	Kalopanax septemlobus (Thunb.) Koidz.	五加科	刺楸属	四明山镇	棠溪	棠溪	121.0469694	29.72494167	三级	115	18	160	10.5	四明山镇政府
02813170000213	蓝果树	Nyssa sinensis Oliv.	蓝果树科	蓝果树属	四明山镇	棠溪	棠溪	121.0469611	29.72479167	三级	165	21	230	12.5	四明山镇政府
02813170000214	玉兰	Magnolia denudata Desr.	木兰科	木兰属	四明山镇	棠溪		121.0470694	29.7249	三级	165	21	220	11.5	四明山镇政府
02813170000215	枫香	Liquidambar formosana Hance	金缕梅科	枫香树属	四明山镇	棠溪	棠溪	121.0471111	29.724825	三级	165	25	170	12	四明山镇政府
02813170000216	银缕梅	Parrotia subaequalis (H.T.Chang) R. M. Hao et H. T. Wei	金缕梅科	银缕梅属	四明山镇	棠溪	棠溪	121.0471639	29.72476944	三级	200	13	160	7.5	四明山镇政府
02813170000217	银缕梅	Parrotia subaequalis (H.T.Chang) R. M. Hao et H. T. Wei	金缕梅科	银缕梅属	四明山镇	棠溪	棠溪	121.047125	29.72477778	三级	200	15	260	8.5	四明山镇政府
02813170000218	枫香	Liquidambar formosana Hance	金缕梅科	枫香树属	四明山镇	棠溪	棠溪	121.0471778	29.72467222	三级	265	27	240	11	四明山镇政府
02813170000219	青钱柳	Cyclocarya paliurus (Batal.) Iljinsk.	胡桃科	青钱柳属	四明山镇	棠溪	棠溪	121.0473167	29.7244	三级	115	18	160	11	四明山镇政府
02813170000220	枫香	Liquidambar formosana Hance	金缕梅科	枫香树属	四明山镇	棠溪	棠溪	121.0472611	29.72443889	三级	165	21	230	12	四明山镇政府
02813170000221	锥栗	Castanea henryi (Skan) Rehd.et Wils.	壳斗科	栗属	四明山镇	棠溪	棠溪	121.0472583	29.72445833	三级	165	17	210	11.5	四明山镇政府
02811170000222	枫香	Liquidambar formosana Hance	金缕梅科	枫香树属	四明山镇	棠溪	棠溪	121.0471111	29.72443333	一级	515	25	400	13	四明山镇政府
02813170000223	青钱柳	Cyclocarya paliurus (Batal.) Iljinsk.	胡桃科	青钱柳属	四明山镇	棠溪	棠溪	121.0471306	29.72455833	三级	165	25	220	15	四明山镇政府
02813170000224	枫香	Liquidambar formosana Hance	金缕梅科	枫香树属	四明山镇	棠溪	棠溪	121.0470389	29.72462778	三级	165	25	200	10	四明山镇政府
02813170000225	枫香	Liquidambar formosana Hance	金缕梅科	枫香树属	四明山镇	棠溪	棠溪	121.0470139	29.72463056	三级	115	25	170	8	四明山镇政府
02813170000226	金钱松	Pseudolarix amabilis (Nelson) Rehd.	松科	金钱松属	四明山镇	棠溪	棠溪	121.0468556	29.72489167	三级	265	27	210	9	四明山镇政府
02811170000227	金钱松	Pseudolarix amabilis (Nelson) Rehd.	松科	金钱松属	四明山镇	棠溪	棠溪	121.0469333	29.72409167	一级	515	28	330	12	四明山镇政府
02813170000228	马尾松	Pinus massoniana Lamb.	松科	松属	四明山镇	宓家山	村口广场	121.0179167	29.71222778	三级	135	9.5	190	7	四明山镇政府
02813170000229	马尾松	Pinus massoniana Lamb.	松科	松属	四明山镇	宓家山	村口广场	121.0179056	29.71216944	三级	115	23	170	8	四明山镇政府
02813170000230	马尾松	Pinus massoniana Lamb.	松科	松属	四明山镇	宓家山	村口广场	121.0179222	29.71218611	三级	115	16.5	150	6.5	四明山镇政府
02813170000231	马尾松	Pinus massoniana Lamb.	松科	松属	四明山镇	宓家山	村口广场	121.0178833	29.71215	三级	115	19	135	6.5	四明山镇政府
02813170000232	马尾松	Pinus massoniana Lamb.	松科	松属	四明山镇	宓家山	村口广场	121.017975	29.71211944	三级	115	19	165	8.5	四明山镇政府
02813170000233	马尾松	Pinus massoniana Lamb.	松科	松属	四明山镇	宓家山	村口广场	121.0179722	29.71208333	三级	100	10	123	8	四明山镇政府
02813170000234	马尾松	Pinus massoniana Lamb.	松科	松属	四明山镇	宓家山	村口广场	121.0179667	29.71204722	三级	100	18	110	4.5	四明山镇政府
02813170000235	马尾松	Pinus massoniana Lamb.	松科	松属	四明山镇	宓家山	村口广场	121.0180139	29.711975	三级	100	16	110	5.5	四明山镇政府
02813170000236	马尾松	Pinus massoniana Lamb.	松科	松属	四明山镇	宓家山	村口广场	121.0179972	29.71197222	三级	115	18	155	5.5	四明山镇政府
02813170000237	马尾松	Pinus massoniana Lamb.	松科	松属	四明山镇	宓家山	村口广场	121.0179667	29.71208056	三级	115	19	150	5.5	四明山镇政府
02813170000238	马尾松	Pinus massoniana Lamb.	松科	松属	四明山镇	宓家山	村口广场	121.0179722	29.71204167	三级	100	19	120	8.5	四明山镇政府
02813170000239	马尾松	Pinus massoniana Lamb.	松科	松属	四明山镇	宓家山	村口广场	121.0179722	29.71197778	三级	115	20	140	7	四明山镇政府
02813170000240	马尾松	Pinus massoniana Lamb.	松科	松属	四明山镇	宓家山	村口广场	121.017925	29.71196944	三级	215	20	210	12	四明山镇政府

余姚古树名录

古树编号	中文名	学名	科	属	乡镇	村	小地名	经度（°E）	纬度（°N）	古树等级	树龄	树高	胸围	平均冠幅	管护单位
028131700241	马尾松	Pinus massoniana Lamb.	松科	松属	四明山镇	泌家山	村口广场	121.0179972	29.71196111	三级	115	21	145	8.5	四明山镇政府
028131700242	马尾松	Pinus massoniana Lamb.	松科	松属	四明山镇	泌家山	村口广场	121.0180167	29.71189167	三级	115	22	165	6.5	四明山镇政府
028131700243	马尾松	Pinus massoniana Lamb.	松科	松属	四明山镇	泌家山	村口广场	121.0180417	29.71186111	三级	115	22	135	5.5	四明山镇政府
028131700244	马尾松	Pinus massoniana Lamb.	松科	松属	四明山镇	泌家山	村口广场	121.0179972	29.71190833	三级	115	22	145	7	四明山镇政府
028131700245	马尾松	Pinus massoniana Lamb.	松科	松属	四明山镇	泌家山	村口广场	121.0180167	29.71185278	三级	115	26	152	7.5	四明山镇政府
028131700246	马尾松	Pinus massoniana Lamb.	松科	松属	四明山镇	泌家山	村口广场	121.0180528	29.71180556	三级	115	26	155	9	四明山镇政府
028131700248	马尾松	Pinus massoniana Lamb.	松科	松属	四明山镇	泌家山	村口广场	121.0180972	29.71180556	三级	115	20	120	4	四明山镇政府
028131700249	马尾松	Pinus massoniana Lamb.	松科	松属	四明山镇	泌家山	村口广场	121.0181278	29.71168333	三级	100	30.5	120	6	四明山镇政府
028131700250	马尾松	Pinus massoniana Lamb.	松科	松属	四明山镇	泌家山	村口广场	121.0181472	29.71171111	三级	115	22	130	8.5	四明山镇政府
028131700251	马尾松	Pinus massoniana Lamb.	松科	松属	四明山镇	泌家山	村口广场	121.0181583	29.711675	三级	135	25	190	6.5	四明山镇政府
028131700252	马尾松	Pinus massoniana Lamb.	松科	松属	四明山镇	泌家山	村口广场	121.0179194	29.71179722	三级	115	23	135	5	四明山镇政府
028131700253	马尾松	Pinus massoniana Lamb.	松科	松属	四明山镇	泌家山	村口广场	121.017925	29.71180833	三级	100	23	114	6	四明山镇政府
028131700254	马尾松	Pinus massoniana Lamb.	松科	松属	四明山镇	泌家山	村口广场	121.0179417	29.71179722	三级	100	24	122	6	四明山镇政府
028131700256	马尾松	Pinus massoniana Lamb.	松科	松属	四明山镇	泌家山	村口广场	121.0179333	29.71177222	三级	100	25	121	4.5	四明山镇政府
028131700257	马尾松	Pinus massoniana Lamb.	松科	松属	四明山镇	泌家山	村口广场	121.0180194	29.7117	三级	135	25	190	6	四明山镇政府
028131700258	马尾松	Pinus massoniana Lamb.	松科	松属	四明山镇	泌家山	村口广场	121.0180361	29.71172222	三级	100	22	115	5.5	四明山镇政府
028121700259	马尾松	Pinus massoniana Lamb.	松科	松属	四明山镇	泌家山	村口广场	121.0180972	29.71168056	二级	315	26	240	9.5	四明山镇政府
028131700260	马尾松	Pinus massoniana Lamb.	松科	松属	四明山镇	泌家山	村口广场	121.0179806	29.711725	三级	100	25	128	7	四明山镇政府
028131700261	马尾松	Pinus massoniana Lamb.	松科	松属	四明山镇	泌家山	村口广场	121.0180028	29.71166667	三级	115	25.5	150	8	四明山镇政府
028131700262	马尾松	Pinus massoniana Lamb.	松科	松属	四明山镇	泌家山	村口广场	121.0179917	29.71168889	三级	115	23	135	7.5	四明山镇政府
028131700263	马尾松	Pinus massoniana Lamb.	松科	松属	四明山镇	泌家山	村口广场	121.0181028	29.71168333	三级	100	27	118	5.5	四明山镇政府
028131700264	马尾松	Pinus massoniana Lamb.	松科	松属	四明山镇	泌家山	村口广场	121.0181167	29.71166667	三级	115	25	150	6	四明山镇政府
028131700265	马尾松	Pinus massoniana Lamb.	松科	松属	四明山镇	泌家山	村口广场	121.0180972	29.71160833	三级	135	20	178	8.5	四明山镇政府
028131700266	马尾松	Pinus massoniana Lamb.	松科	松属	四明山镇	泌家山	村口广场	121.01805	29.71160833	三级	135	21	175	9	四明山镇政府
028131700267	马尾松	Pinus massoniana Lamb.	松科	松属	四明山镇	泌家山	村口广场	121.0180694	29.71160556	三级	165	17	195	9	四明山镇政府
028131700268	马尾松	Pinus massoniana Lamb.	松科	松属	四明山镇	泌家山	村口广场	121.0180389	29.71153889	三级	215	10	200	7.5	四明山镇政府
028131700269	马尾松	Pinus massoniana Lamb.	松科	松属	四明山镇	泌家山	村口广场	121.0178472	29.71153889	三级	215	17	210	9	四明山镇政府
028131700270	马尾松	Pinus massoniana Lamb.	松科	松属	四明山镇	泌家山	村口广场	121.0178278	29.71163056	三级	165	15	193	8.5	四明山镇政府
028131700271	马尾松	Pinus massoniana Lamb.	松科	松属	四明山镇	泌家山	村口广场	121.0178333	29.71165	三级	100	17	130	7	四明山镇政府
028131700272	马尾松	Pinus massoniana Lamb.	松科	松属	四明山镇	泌家山	村口广场	121.0177611	29.71162778	三级	215	21	200	10.5	四明山镇政府
028131700273	马尾松	Pinus massoniana Lamb.	松科	松属	四明山镇	泌家山	村口广场	121.0178139	29.71169444	三级	215	26	198	9.5	四明山镇政府

古树编号	中文名	学名	科	属	乡镇	村	小地名	经度（°E）	纬度（°N）	古树等级	树龄	树高	胸围	平均冠幅	管护单位
028131700274	马尾松	Pinus massoniana Lamb.	松科	松属	四明山镇	泌家山	村口广场	121.0177972	29.71173611	三级	115	24	165	5.5	四明山镇政府
028131700275	马尾松	Pinus massoniana Lamb.	松科	松属	四明山镇	泌家山	村口广场	121.0178444	29.71176111	三级	115	25	145	5.5	四明山镇政府
028131700276	马尾松	Pinus massoniana Lamb.	松科	松属	四明山镇	泌家山	村口广场	121.0178611	29.71174722	三级	125	26	170	9	四明山镇政府
028131700277	马尾松	Pinus massoniana Lamb.	松科	松属	四明山镇	泌家山	村口广场	121.0179	29.71173056	三级	115	27	160	8	四明山镇政府
028131700278	马尾松	Pinus massoniana Lamb.	松科	松属	四明山镇	泌家山	村口广场	121.0179056	29.71181667	三级	115	29	155	7	四明山镇政府
028131700279	马尾松	Pinus massoniana Lamb.	松科	松属	四明山镇	泌家山	村口广场	121.0177944	29.71176944	三级	115	27	150	6.5	四明山镇政府
028131700280	马尾松	Pinus massoniana Lamb.	松科	松属	四明山镇	泌家山	村口广场	121.0178417	29.71186944	三级	115	27	142	8	四明山镇政府
028131700281	马尾松	Pinus massoniana Lamb.	松科	松属	四明山镇	泌家山	村口广场	121.0178222	29.71185556	三级	100	27	130	8	四明山镇政府
028131700282	马尾松	Pinus massoniana Lamb.	松科	松属	四明山镇	泌家山	村口广场	121.0178028	29.71186389	三级	100	28	125	9	四明山镇政府
028131700284	马尾松	Pinus massoniana Lamb.	松科	松属	四明山镇	泌家山	村口广场	121.0178889	29.71195	三级	100	24	112	8.5	四明山镇政府
028131700286	马尾松	Pinus massoniana Lamb.	松科	松属	四明山镇	泌家山	村口广场	121.0178472	29.71188611	三级	100	24	110	7.5	四明山镇政府
028131700287	马尾松	Pinus massoniana Lamb.	松科	松属	四明山镇	泌家山	村口广场	121.0178056	29.71191111	三级	100	25	120	8.5	四明山镇政府
028131700288	马尾松	Pinus massoniana Lamb.	松科	松属	四明山镇	泌家山	村口广场	121.0177694	29.71191944	三级	115	27	150	9.5	四明山镇政府
028131700289	马尾松	Pinus massoniana Lamb.	松科	松属	四明山镇	泌家山	村口广场	121.0177528	29.71194722	三级	115	27	148	7	四明山镇政府
028131700290	马尾松	Pinus massoniana Lamb.	松科	松属	四明山镇	泌家山	村口广场	121.0177917	29.71185833	三级	100	23	118	8.5	四明山镇政府
028131700291	马尾松	Pinus massoniana Lamb.	松科	松属	四明山镇	泌家山	村口广场	121.0177722	29.71182222	三级	115	25	145	9	四明山镇政府
028131700292	马尾松	Pinus massoniana Lamb.	松科	松属	四明山镇	泌家山	村口广场	121.0177361	29.71173333	三级	115	24	138	7.5	四明山镇政府
028131700293	马尾松	Pinus massoniana Lamb.	松科	松属	四明山镇	泌家山	村口广场	121.0177056	29.71173889	三级	100	10	115	6	四明山镇政府
028131700294	马尾松	Pinus massoniana Lamb.	松科	松属	四明山镇	泌家山	村口广场	121.0177	29.71158611	三级	135	24	170	9	四明山镇政府
028131700295	马尾松	Pinus massoniana Lamb.	松科	松属	四明山镇	泌家山	村口广场	121.0176639	29.71158333	三级	115	26	150	10	四明山镇政府
028131700296	枫香	Liquidambar formosana Hance	金缕梅科	枫香树属	四明山镇	茶培	平头显灵庙	121.1586944	29.72040278	三级	165	16	188	14.5	四明山镇政府
028121700297	金钱松	Pseudolarix amabilis (Nelson) Rehd.	松科	金钱松属	四明山镇	茶培	平头显灵庙	121.1584806	29.71998333	二级	315	30	353	16.5	四明山镇政府
028121700298	金钱松	Pseudolarix amabilis (Nelson) Rehd.	松科	金钱松属	四明山镇	茶培	平头显灵庙	121.1584556	29.72000833	二级	315	28	365	13	四明山镇政府
028131700299	银叶柳	Salix chienii Cheng	杨柳科	柳属	四明山镇	茶培	平头显灵庙	121.1585167	29.72006111	三级	105	17	205	11.5	四明山镇政府
028131700300	朴树	Celtis sinensis Pers.	榆科	朴属	四明山镇	茶培	平头显灵庙	121.1584194	29.72003611	三级	115	13	133	10.5	四明山镇政府
028131700301	柳杉	Cryptomeria japonica (L. f.) D.Don var. sinensis Sieb.	杉科	柳杉属	四明山镇	茶培	平头显灵庙	121.1583722	29.72009722	三级	115	10	128	4	四明山镇政府
028131700302	柳杉	Cryptomeria japonica (L. f.) D.Don var. sinensis Sieb.	杉科	柳杉属	四明山镇	茶培	平头显灵庙	121.1583722	29.72016111	三级	215	16	165	4.5	四明山镇政府
028131700303	柳杉	Cryptomeria japonica (L. f.) D.Don var. sinensis Sieb.	杉科	柳杉属	四明山镇	茶培	平头显灵庙	121.158456	29.720075	三级	215	19	165	6	四明山镇政府

古树编号	中文名	学名	科	属	乡镇	村	小地名	经度（°E）	纬度（°N）	古树等级	树龄	树高	胸围	平均冠幅	管护单位
02813170304	柳杉	Cryptomeria japonica (L. f.) D.Don var. sinensis Sieb.	杉科	柳杉属	四明山镇	茶培	平头显灵庙	121.1583722	29.72008056	三级	135	15	160	6	四明山镇政府
02813170305	青钱柳	Cyclocarya paliurus (Batal.) Iljinsk.	胡桃科	青钱柳属	四明山镇	茶培	平头显灵庙	121.1585528	29.72046111	三级	115	16	170	13	四明山镇政府
02813170306	青钱柳	Cyclocarya paliurus (Batal.) Iljinsk.	胡桃科	青钱柳属	四明山镇	茶培	平头显灵庙	121.1585611	29.72048056	三级	115	16	195	13.5	四明山镇政府
02812170307	青钱柳	Cyclocarya paliurus (Batal.) Iljinsk.	胡桃科	青钱柳属	四明山镇	茶培	平头显灵庙	121.1583222	29.72031111	三级	315	20	360	18	四明山镇政府
02813170308	青钱柳	Cyclocarya paliurus (Batal.) Iljinsk.	胡桃科	青钱柳属	四明山镇	茶培	平头显灵庙	121.1584861	29.72056944	三级	115	16	200	15	四明山镇政府
D02812170309	柳杉	Cryptomeria japonica (L. f.) D.Don var. sinensis Sieb.	杉科	柳杉属	四明山镇	茶培	平头显灵庙	121.1584361	29.72005	二级	315	0	0	0	四明山镇政府
02813190001	枣	Ziziphus jujuba Mill.	鼠李科	枣属	黄家埠镇	横塘	古枣园	120.948325	30.16058056	三级	115	7	110	7.5	徐天佐
02813190002	枣	Ziziphus jujuba Mill.	鼠李科	枣属	黄家埠镇	横塘	古枣园	120.9483778	30.16061111	三级	115	6.5	110	6.5	徐天佐
02813190003	枣	Ziziphus jujuba Mill.	鼠李科	枣属	黄家埠镇	横塘	古枣园	120.9484278	30.16061389	三级	115	7	90	4.5	徐天佐
02813190004	枣	Ziziphus jujuba Mill.	鼠李科	枣属	黄家埠镇	横塘	古枣园	120.9484833	30.16064722	三级	115	7	100	5.5	徐天佐
02813190005	枣	Ziziphus jujuba Mill.	鼠李科	枣属	黄家埠镇	横塘	古枣园	120.9485528	30.160675	三级	115	7.5	75	6	徐天佐
02813190006	枣	Ziziphus jujuba Mill.	鼠李科	枣属	黄家埠镇	横塘	古枣园	120.9485806	30.16064167	三级	115	6	70	4.5	徐天佐
02813190007	枣	Ziziphus jujuba Mill.	鼠李科	枣属	黄家埠镇	横塘	古枣园	120.9486111	30.16068333	三级	115	7.5	75	5	徐天佐
02813190008	枣	Ziziphus jujuba Mill.	鼠李科	枣属	黄家埠镇	横塘	古枣园	120.9486556	30.16068056	三级	115	7	110	7.5	徐天佐
02813190009	枣	Ziziphus jujuba Mill.	鼠李科	枣属	黄家埠镇	横塘	古枣园	120.9486	30.16068889	三级	115	7	85	5	徐天佐
02813190010	枣	Ziziphus jujuba Mill.	鼠李科	枣属	黄家埠镇	横塘	古枣园	120.9485917	30.16073889	三级	115	6.5	60	6.5	徐天佐
02813190011	枣	Ziziphus jujuba Mill.	鼠李科	枣属	黄家埠镇	横塘	古枣园	120.9486111	30.16077778	三级	115	5	70	5	徐天佐
02813190012	枣	Ziziphus jujuba Mill.	鼠李科	枣属	黄家埠镇	横塘	古枣园	120.9485639	30.16075	三级	115	5.5	70	6.5	徐天佐
02813190013	枣	Ziziphus jujuba Mill.	鼠李科	枣属	黄家埠镇	横塘	古枣园	120.9485472	30.16071389	三级	115	6.5	80	6.5	徐天佐
02813190014	枣	Ziziphus jujuba Mill.	鼠李科	枣属	黄家埠镇	横塘	古枣园	120.9484583	30.16071111	三级	115	6.5	60	5	徐天佐
02813190015	枣	Ziziphus jujuba Mill.	鼠李科	枣属	黄家埠镇	横塘	古枣园	120.9484444	30.16073889	三级	115	6	80	5	徐天佐
02813200001	朴树	Celtis sinensis Pers.	榆科	朴属	三七市镇	相岙	施岙 62 号门前	121.378243	30.030869	三级	195	9	227	8.5	三七市镇政府
02813200002	樟树	Cinnamomum camphora (Linn.) Presl	樟科	樟属	三七市镇	二六市	官桥	121.367673	30.022822	三级	135	15.5	250	19	三七市镇政府
02813200003	朴树	Celtis sinensis Pers.	榆科	朴属	三七市镇	相岙	大池头	121.384976	30.032202	三级	115	17.5	255	14	三七市镇政府
02813200004	朴树	Celtis sinensis Pers.	榆科	朴属	三七市镇	相岙	王家	121.398414	30.037838	三级	115	14	220	16	三七市镇政府
02813200005	枫杨	Pterocarya stenoptera C. DC.	胡桃科	枫杨属	三七市镇	唐李张	唐家	121.389609	30.052174	三级	115	8	275	12	三七市镇政府
02812200006	枫杨	Pterocarya stenoptera C. DC.	胡桃科	枫杨属	三七市镇	唐李张	唐家	121.3883	30.05095556	二级	315	26	450	21.5	三七市镇政府
02812200007	樟树	Cinnamomum camphora (Linn.) Presl	樟科	樟属	三七市镇	唐李张	唐家	121.387575	30.050811	二级	465	15	325	10.5	三七市镇政府
02812000008	樟树	Cinnamomum camphora (Linn.) Presl	樟科	樟属	三七市镇	唐李张	唐家 12 号门口	121.387174	30.050553	一级	515	12	460	14.5	三七市镇政府
02812200009	枫香	Liquidambar formosana Hance	金缕梅科	枫香树属	三七市镇	唐李张	张方	121.391754	30.064051	二级	415	28	490	22	三七市镇政府

古树编号	中文名	学名	科	属	乡镇	村	小地名	经度（°E）	纬度（°N）	古树等级	树龄	树高	胸围	平均冠幅	管护单位
02812200010	樟树	Cinnamomum camphora (Linn.) Presl	樟科	樟属	三七市镇	唐李张	叶家湾	121.37887222	30.04701667	二级	315	16.5	400	16.5	三七市镇政府
02813200011	樟树	Cinnamomum camphora (Linn.) Presl	樟科	樟属	三七市镇	唐李张	叶家湾	121.37828611	30.04717222	三级	115	18	260	19.5	三七市镇政府
02812200012	三角槭	Acer buergerianum Miq.	槭树科	槭属	三七市镇	唐李张	叶家湾	121.378359	30.046743	三级	115	22.5	220	10	三七市镇政府
02812200013	樟树	Cinnamomum camphora (Linn.) Presl	樟科	樟属	三七市镇	唐李张	唐家	121.378594	30.049993	二级	315	17	500	14	三七市镇政府
02812200014	樟树	Cinnamomum camphora (Linn.) Presl	樟科	樟属	三七市镇	石步	石步庙门前	121.347052	30.048004	二级	315	18	620	24	三七市镇政府
02811200015	枫杨	Pterocarya stenoptera C. DC.	胡桃科	枫杨属	三七市镇	石步	上王	121.376132	30.055104	二级	315	15	590	16	三七市镇政府
02811200016	樟树	Cinnamomum camphora (Linn.) Presl	樟科	樟属	三七市镇	唐李张	唐家	121.38346111	30.04163611	一级	560	18	655	23	三七市镇政府
02812200017	樟树	Cinnamomum camphora (Linn.) Presl	樟科	樟属	三七市镇	唐李张	唐家	121.383333	30.041446	二级	315	18	220	16	三七市镇政府
02812200018	樟树	Cinnamomum camphora (Linn.) Presl	樟科	樟属	三七市镇	唐李张	唐家	121.383294	30.041399	二级	315	18	285	16	三七市镇政府
02812200019	樟树	Cinnamomum camphora (Linn.) Presl	樟科	樟属	三七市镇	唐李张	唐家	121.383401	30.041372	二级	315	18	275	15	三七市镇政府
02812200020	樟树	Cinnamomum camphora (Linn.) Presl	樟科	樟属	三七市镇	三七市	市新北路16号	121.34047	30.033576	二级	415	14.5	400	19	三七市镇政府
02813200021	银杏	Ginkgo biloba Linn.	银杏科	银杏属	三七市镇	姚东	干岙	121.320471	30.043204	三级	265	30	750	19.75	三七市镇政府
02812200022	枫香	Liquidambar formosana Hance	金缕梅科	枫香树属	三七市镇	大霖山	东茅山竹林内	121.326369	30.067771	二级	415	26	318	10.5	三七市镇政府
02812200023	枫香	Liquidambar formosana Hance	金缕梅科	枫香树属	三七市镇	大霖山	东茅山竹林内	121.32636667	30.06786389	二级	415	15	210	5	三七市镇政府
02813200024	圆柏	Sabina chinensis (Linn.) Ant.	柏科	圆柏属	三七市镇	大霖山	龙王堂屋后竹林内	121.33368611	30.06180556	三级	155	16	135	5.5	三七市镇政府
02813200025	杨梅	Myrica rubra (Lour.) Sieb. et Zucc.	杨梅科	杨梅属	三七市镇	石步	小池墩	121.3621361	30.05879167	三级	165	5	220	5.5	李世范
02813200026	杨梅	Myrica rubra (Lour.) Sieb. et Zucc.	杨梅科	杨梅属	三七市镇	石步	小池墩	121.3622667	30.05883889	三级	165	5.5	330	6.5	李世范
02813200027	杨梅	Myrica rubra (Lour.) Sieb. et Zucc.	杨梅科	杨梅属	三七市镇	石步	小池墩	121.3622194	30.05888333	二级	165	5	180	6.5	李世范
02813200028	杨梅	Myrica rubra (Lour.) Sieb. et Zucc.	杨梅科	杨梅属	三七市镇	石步	小池墩	121.3622167	30.05909167	三级	165	5	155	3.5	李世范
02813200029	杨梅	Myrica rubra (Lour.) Sieb. et Zucc.	杨梅科	杨梅属	三七市镇	石步	小池墩	121.3623444	30.05911111	三级	165	4.5	180	5	李世范
02813200030	杨梅	Myrica rubra (Lour.) Sieb. et Zucc.	杨梅科	杨梅属	三七市镇	石步	小池墩	121.3623833	30.05906944	三级	165	4	170	4	李世范
02813200031	杨梅	Myrica rubra (Lour.) Sieb. et Zucc.	杨梅科	杨梅属	三七市镇	石步	小池墩	121.3624389	30.05907222	三级	165	6.5	200	6.5	李世范
02813200032	杨梅	Myrica rubra (Lour.) Sieb. et Zucc.	杨梅科	杨梅属	三七市镇	石步	小池墩	121.3624056	30.05914167	三级	165	6	220	8.5	李世范
02813200033	杨梅	Myrica rubra (Lour.) Sieb. et Zucc.	杨梅科	杨梅属	三七市镇	石步	小池墩	121.3623389	30.05910833	三级	165	2	110	2	李世范
02813200034	杨梅	Myrica rubra (Lour.) Sieb. et Zucc.	杨梅科	杨梅属	三七市镇	石步	小池墩	121.3624083	30.05919444	三级	165	2.5	60	2	李世范
02812100001	金钱松	Pseudolarix amabilis (Nelson) Rehd.	松科	金钱松属	鹿亭乡	龙溪	王石坑	121.127441	29.869034	二级	350	30	350	14.5	鹿亭乡政府
02812210002	金钱松	Pseudolarix amabilis (Nelson) Rehd.	松科	金钱松属	鹿亭乡	龙溪	岩头	121.14236111	29.87011944	二级	380	32	410	19	鹿亭乡政府
02813210003	银杏	Ginkgo biloba Linn.	银杏科	银杏属	鹿亭乡	龙溪	大年村	121.146636	29.859536	三级	130	20	265	13	鹿亭乡政府
02813210004	银杏	Ginkgo biloba Linn.	银杏科	银杏属	鹿亭乡	龙溪	大年里村	121.14651	29.859715	三级	195	20	265	15	鹿亭乡政府
02813210005	银杏	Ginkgo biloba Linn.	银杏科	银杏属	鹿亭乡	龙溪	大年里村	121.14672778	29.8602	三级	135	25	330	15.5	鹿亭乡政府

（续）

古树编号	中文名	学名	科	属	乡镇	村	小地名	经度（°E）	纬度（°N）	古树等级	树龄	树高	胸围	平均冠幅	管护单位
02813210006	银杏	Ginkgo biloba Linn.	银杏科	银杏属	鹿亭乡	龙溪	大年里村	121.14697778	29.86011667	三级	115	18	180	9.5	鹿亭乡政府
02813210007	榉树	Zelkova schneideriana Hand. –Mazz.	榆科	榉属	鹿亭乡	龙溪	大年里村	121.148877	29.860778	三级	125	21	260	16.5	鹿亭乡政府
02813210008	榉树	Zelkova schneideriana Hand. –Mazz.	榆科	榉属	鹿亭乡	龙溪	大年里村	121.14887222	29.86093611	三级	125	25	370	17	鹿亭乡政府
02813210009	榧树	Torreya grandis Fort. ex Lindl.	红豆杉科	榧树属	鹿亭乡	龙溪	大年里村	121.146552	29.859427	三级	115	17	240	11	鹿亭乡政府
02813210010	金钱松	Pseudolarix amabilis (Nelson) Rehd.	松科	金钱松属	鹿亭乡	龙溪	大年村	121.147021	29.85929	三级	135	34	310	9	鹿亭乡政府
02813210011	榧树	Torreya grandis Fort. ex Lindl.	红豆杉科	榧树属	鹿亭乡	龙溪	大年村	121.146513	29.85958	三级	135	18	220	8	鹿亭乡政府
02813210012	枫香	Liquidambar formosana Hance	金缕梅科	枫香树属	鹿亭乡	白鹿	赤石	121.18042778	29.84615	三级	215	22	285	14	鹿亭乡政府
02813210013	银杏	Ginkgo biloba Linn.	银杏科	银杏属	鹿亭乡	白鹿	赤石	121.18026389	29.84614722	三级	215	23	365	21	鹿亭乡政府
02813210014	黄檀	Dalbergia hupeana Hance	豆科	黄檀属	鹿亭乡	白鹿	赤石	121.18045833	29.84621944	三级	115	25	185	9.5	鹿亭乡政府
02813210015	蓝果树	Nyssa sinensis Oliv.	蓝果树科	蓝果树属	鹿亭乡	白鹿	下姚贩	121.163215	29.834811	三级	115	22	350	20	鹿亭乡政府
02813210016	枫香	Liquidambar formosana Hance	金缕梅科	枫香树属	鹿亭乡	白鹿	村委对面	121.166026	29.841381	三级	215	21	395	14	鹿亭乡政府
02813210017	枫香	Liquidambar formosana Hance	金缕梅科	枫香树属	鹿亭乡	白鹿	村委	121.166109	29.841764	三级	115	17	235	10	鹿亭乡政府
02813210018	枫香	Liquidambar formosana Hance	金缕梅科	枫香树属	鹿亭乡	白鹿	村委	121.166075	29.84188	三级	115	24	225	7.5	鹿亭乡政府
02813210019	枫香	Liquidambar formosana Hance	金缕梅科	枫香树属	鹿亭乡	白鹿	村委	121.166039	29.841913	三级	115	22.5	260	10	鹿亭乡政府
02811210020	榉树	Zelkova schneideriana Hand. –Mazz.	榆科	榉属	鹿亭乡	白鹿	陈家岩庵	121.16824722	29.84270278	一级	515	7.5	450	12.5	鹿亭乡政府
02822210021	三角槭	Acer buergerianum Miq.	槭树科	槭属	鹿亭乡	白鹿	下坊岭头	121.17035	29.842265	三级	315	13.5	335	16	鹿亭乡政府
02811210022	银杏	Ginkgo biloba Linn.	银杏科	银杏属	鹿亭乡	白鹿	下坊岭头	121.17039722	29.8415	一级	515	17	420	16	鹿亭乡政府
02813210023	银杏	Ginkgo biloba Linn.	银杏科	银杏属	鹿亭乡	白鹿	后山岭	121.169454	29.842685	三级	115	16	285	12.5	鹿亭乡政府
02813210024	枫香	Liquidambar formosana Hance	金缕梅科	枫香树属	鹿亭乡	白鹿	陈岩枫树坪	121.16706944	29.841625	三级	215	27	330	9.5	鹿亭乡政府
02813210025	枫香	Liquidambar formosana Hance	金缕梅科	枫香树属	鹿亭乡	白鹿	陈家岩	121.16708333	29.84163056	三级	115	24	220	10	鹿亭乡政府
02813210026	枫香	Liquidambar formosana Hance	金缕梅科	枫香树属	鹿亭乡	白鹿	陈家岩	121.16708333	29.84163333	三级	115	21	200	10	鹿亭乡政府
02811210027	樟树	Cinnamomum camphora (Linn.) Presl	樟科	樟属	鹿亭乡	李家塔	四小区 37 号	121.200416	29.862843	一级	855	23	770	22	鹿亭乡政府
02813210028	枫香	Liquidambar formosana Hance	金缕梅科	枫香树属	鹿亭乡	李家塔	李家塔	121.202341	29.864145	三级	165	25	230	11	鹿亭乡政府
02813210029	枫香	Liquidambar formosana Hance	金缕梅科	枫香树属	鹿亭乡	李家塔	李家塔	121.202341	29.864167	三级	165	23	250	12	鹿亭乡政府
02813210030	榉树	Zelkova schneideriana Hand. –Mazz.	榆科	榉属	鹿亭乡	石潭	马家坪	121.154033	29.855048	三级	165	20	263	13	鹿亭乡政府
02813210031	青钱柳	Cyclocarya paliurus (Batal.) Iljinsk.	胡桃科	青钱柳属	鹿亭乡	石潭	马家坪后	121.152271	29.854568	三级	115	22	265	9.5	鹿亭乡政府
02813210032	锥栗	Castanea henryi (Skan) Rehd.et Wils.	壳斗科	栗属	鹿亭乡	石潭	马家坪后	121.152599	29.854477	三级	115	18	265	7	鹿亭乡政府
02813210033	锥栗	Castanea henryi (Skan) Rehd.et Wils.	壳斗科	栗属	鹿亭乡	石潭	马家坪	121.151992	29.854357	三级	115	20	270	10	鹿亭乡政府
02813210034	银杏	Ginkgo biloba Linn.	银杏科	银杏属	鹿亭乡	石潭	岙底	121.17205278	29.86315	三级	115	22	260	16.5	鹿亭乡政府
02822210035	樟树	Cinnamomum camphora (Linn.) Presl	樟科	樟属	鹿亭乡	中村	中村	121.229114	29.863536	二级	315	20	475	17.5	鹿亭乡政府
02813210036	银杏	Ginkgo biloba Linn.	银杏科	银杏属	鹿亭乡	中村	算坑	121.21676944	29.85306111	三级	215	21	365	11.5	鹿亭乡政府

古树编号	中文名	学名	科	属	乡镇	村	小地名	经度（°E）	纬度（°N）	古树等级	树龄	树高	胸围	平均冠幅	管护单位
028132100037	枫杨	*Pterocarya stenoptera* C. DC.	胡桃科	枫杨属	鹿亭乡	中村	算坑	121.216584	29.853099	三级	215	10	500	17	鹿亭乡政府
028132100038	枫杨	*Pterocarya stenoptera* C. DC.	胡桃科	枫杨属	鹿亭乡	中村	算坑	121.21657222	29.85319444	三级	165	14	335	12	鹿亭乡政府
028122100039	樟树	*Cinnamomum camphora* (Linn.) Presl	樟科	樟属	鹿亭乡	中村	中村岙头	121.219511	29.863422	二级	455	8.5	400	8.5	鹿亭乡政府
028132100040	银杏	*Ginkgo biloba* Linn.	银杏科	银杏属	鹿亭乡	中村	中洞岙头	121.219609	29.863526	三级	115	19	370	13	鹿亭乡政府
028122100041	银杏	*Ginkgo biloba* Linn.	银杏科	银杏属	鹿亭乡	中村	中村	121.220385	29.863718	二级	365	20	405	15.5	鹿亭乡政府
028132100042	樟树	*Cinnamomum camphora* (Linn.) Presl	樟科	樟属	鹿亭乡	中村	中村溪边	121.220644	29.863985	三级	265	16.5	510	24	鹿亭乡政府
028112100043	银杏	*Ginkgo biloba* Linn.	银杏科	银杏属	鹿亭乡	上庄	鹰家路	121.19897778	29.87797778	一级	515	25	420	15	鹿亭乡政府
028132100044	糙叶树	*Aphananthe aspera* (Thunb.) Planch.	榆科	糙叶树属	鹿亭乡	晓云	大溪	121.180152	29.881997	三级	115	19	230	11	鹿亭乡政府
D028131210045	枫香	*Liquidambar formosana* Hance	金缕梅科	枫香树属	鹿亭乡	晓云	大溪	121.18027778	29.88194444	三级	135	0	0	0	鹿亭乡政府
028132200001	肥皂荚	*Gymnocladus chinensis* Baill.	豆科	肥皂荚属	余姚市林场	毛洞里	毛洞里林区	121.10771944	29.8606	三级	115	15	245	10.5	余姚市林场
028132200002	肥皂荚	*Gymnocladus chinensis* Baill.	豆科	肥皂荚属	余姚市林场	毛洞里	毛洞里林区	121.107718	29.860785	三级	115	15	150	8	余姚市林场
028132200003	枫杨	*Pterocarya stenoptera* C. DC.	胡桃科	枫杨属	余姚市林场	毛洞里	毛洞里林区	121.107044	29.860677	三级	115	13	225	6.5	余姚市林场
028132200004	枫杨	*Pterocarya stenoptera* C. DC.	胡桃科	枫杨属	余姚市林场	毛洞里	毛洞里林区	121.107361	29.860442	三级	115	20	295	15.5	余姚市林场
028132200005	枫香	*Liquidambar formosana* Hance	金缕梅科	枫香树属	余姚市林场	毛洞里	毛洞里林区	121.10710556	29.86074167	三级	115	26	255	14	余姚市林场
028122300001	樟树	*Cinnamomum camphora* (Linn.) Presl	樟科	樟属	余姚市园林管理所	龙泉山龙泉公园门口	龙泉山公园	121.150514	30.049948	二级	315	16.5	330	15	余姚市园林管理所

浙江省古树名木保护办法

（浙江省人民政府第 86 次常务会议审议通过。2017 年 7 月 7 日公布，2017 年 10 月 1 日起施行）

第一条 为了保护古树名木资源，促进生态文明建设，根据《中华人民共和国森林法》《城市绿化条例》等法律、法规的规定，结合本省实际，制定本办法。

第二条 本省行政区域内古树名木的保护和管理活动，适用本办法。

第三条 本办法所称的古树，是指经依法认定的树龄 100 年以上的树木；本办法所称的名木，是指经依法认定的稀有、珍贵树木和具有历史价值、重要纪念意义的树木。

第四条 古树名木保护实行属地管理、政府主导、专业保护与公众保护相结合的原则。

第五条 县级以上人民政府应当加强古树名木的保护和管理工作，将古树名木的资源调查、认定、抢救以及古树名木保护的宣传培训等经费列入同级财政预算。

第六条 县级以上林业、城市园林绿化行政主管部门（以下统称古树名木行政主管部门）依照职责分工，负责本行政区域内古树名木的保护和管理工作。法律、法规另有规定的，从其规定。

乡（镇）人民政府、街道办事处协助古树名木行政主管部门做好本行政区域内古树名木的保护和管理工作。

第七条 单位和个人都有保护古树名木的义务，不得损害和自行处置古树名木，有权制止和举报损害古树名木的行为。

第八条 县级以上古树名木行政主管部门应当定期对本行政区域内的古树名木资源进行普查，将符合条件的树木按照以下规定进行认定，实行分级保护：

（一）对树龄 500 年以上的古树实行一级保护，由县（市、区）古树名木行政主管部门组织鉴定，报省古树名木行政主管部门认定；

（二）对名木实行一级保护，由县（市、区）古树名木行政主管部门组织鉴定，报省古树名木行政主管部门认定；

（三）对树龄 300 年以上不满 500 年的古树实行二级保护，由县（市、区）古树名木行政主管部门组织鉴定，报设区的市古树名木行政主管部门认定；

（四）对树龄 100 年以上不满 300 年的古树实行三级保护，由县（市、区）古树名木行政主管部门组织鉴定后认定。

设区的市、县（市、区）古树名木行政主管部门应当将古树名木目录报省古树名木行政主管部门备案。县级以上古树名木行政主管部门应当将古树名木目录及时向社会公布。

第九条 县级以上古树名木行政主管部门应当按照一树一档的要求，统一编号，建立古树名木图文档案和电子信息数据库，对古树名木的位置、特征、树龄、生长环境、生长情况、保护现状等信息进行动态管理。

第十条 县（市、区）人民政府应当在古树名木周围设立保护标志,设置必要的保护设施,并按照以下规定划定保护范围：

（一）一级保护的古树和名木保护范围不小于树冠垂直投影外 5 米；

（二）二级保护的古树保护范围不小于树冠垂直投影外 3 米；

（三）三级保护的古树保护范围不小于树冠垂直投影外 2 米。

禁止损毁、擅自移动古树名木保护标志和保护设施。

第十一条 县（市、区）古树名木行政主管部门按照下列规定，确定古树名木的养护人：

（一）生长在自然保护区、风景名胜区、旅游度假区等用地范围内的古树名木，该区域的管理单位为养护人；

（二）生长在文物保护单位、寺庙、机关、部队、企业事业单位等用地范围内的古树名木，该单位为养护人；

（三）生长在园林绿化管理部门管理的公共绿地、公园、城市道路用地范围内的古树名木，园林绿化专业养护单位为养护人；

（四）生长在铁路、公路、江河堤坝和水库湖渠等用地范围内的古树名木，铁路、公路和水利设施等的管理单位为养护人；

（五）其他生长在农村、城市住宅小区、居民私人庭院范围内的古树名木，该古树名木的所有人或者受所有人委托管理的单位为养护人。

养护人不明确或者有异议的，由古树名木所在地县（市、区）古树名木行政主管部门协调确定。

第十二条 省古树名木行政主管部门应当按照古树名木分级保护要求，制定古树名木养护技术规范，并向社会公布。

县级以上古树名木行政主管部门应当加强古树名木养护知识的宣传和培训，指导养护人按照养护技术规范对古树名木进行养护，并无偿提供技术服务。

养护人应当按照养护技术规范对古树名木进行日常养护，古树名木的日常养护费用由养护人承担。

第十三条 县级以上古树名木行政主管部门应当建立古树名木养护激励机制，与养护人签订养护协议，明确养护责任、养护要求、奖惩措施等事项，并根据古树名木的保护级别、养护状况和费用支出等情况给予养护人适当费用补助。

第十四条 县（市、区）古树名木行政主管部门应当定期组织专业技术人员对古树名木进行专业养护。

养护人发现古树名木遭受有害生物危害或者其他生长异常情况时，应当及时报告县（市、区）古树名木行政主管部门；县（市、区）古树名木行政主管部门应当及时调查核实，情况属实的，及时进行救治。

第十五条 鼓励单位和个人向国家捐献古树名木以及捐资保护、认养古树名木。

县级以上人民政府可以对捐献古树名木的单位和个人给予适当奖励。

第十六条 因古树名木保护措施的实施对单位和个人造成财产损失的，县（市、区）古树名木行政主管部门应当给予适当补偿。

古树名木保护措施影响文物保护措施落实时，古树名木行政主管部门应当与文物行政主管部门协商，采取相应的保护措施。

第十七条 禁止下列损害古树名木的行为：

（一）擅自砍伐、采挖或者挖根、剥树皮；

（二）非通透性硬化古树名木树干周围地面；

（三）在古树名木保护范围内新建扩建建筑物和构筑物、挖坑取土、动用明火、排烟、采石、倾倒有害污水和堆放有毒有害物品等行为；

（四）刻划、钉钉子、攀树折枝、悬挂物品或者以古树名木为支撑物；

（五）法律、法规规定的其他禁止行为。

第十八条 基础设施建设项目确需在古树名木保护范围内进行建设施工的，建设单位应当在施工前根据古树名木行政主管部门提出的保护要求制定保护方案；县（市、区）古树名木行政主管部门对保护方案的落实进行指导和督促。

第十九条 有下列情形之一的，可以对古树名木进行迁移，实行异地保护：

（一）原生长环境不适宜古树名木继续生长，可能导致古树名木死亡的；

（二）古树名木的生长可能对公众生命、财产安全造成危害，无法采取防护措施消除隐患的；

（三）因国家和省重点建设项目建设，确实无法避让的；

（四）因科学研究需要的。

迁移古树名木应当制定迁移方案，落实迁移、养护费用，并按照《中华人民共和国森林法》《城市绿化条例》的规定办理审批手续。

第二十条 养护人发现古树名木死亡的，应当及时报告县（市、区）古树名木行政主管部门。县（市、区）古树名木行政主管部门在接到报告后10个工作日内组织人员进行核实，情况属实的，及时报相应的古树名木行政主管部门予以注销。

砍伐已死亡的古树名木应当依法办理审批手续。已死亡的古树名木具有重要景观、文化、科研价值的，可以采取相应措施予以保留。

第二十一条 违反本办法第十条第二款规定，损毁或者擅自移动古树名木保护标志、保护设施的，由县级以上古树名木行政主管部门责令改正，可以处 500 元以上 5000 元以下的罚款。

第二十二条 违反本办法第十七条第一项规定，损害古树名木的，由县级以上古树名木行政主管部门依照《浙江省森林管理条例》规定处罚；构成犯罪的，依法追究刑事责任。

第二十三条 违反本办法第十七条第二项、第三项规定，损害古树名木的，由县级以上古树名木行政主管部门责令改正，可以处 5000 元以上 1 万元以下的罚款；情节严重的，处 1 万元以上 10 万元以下的罚款；构成犯罪的，依法追究刑事责任。

违反本办法第十七条第四项规定，损害古树名木的，由县级以上古树名木行政主管部门责令改正，可以处 200 元以上 2000 元以下的罚款；情节严重的，处 2000 元以上 3 万元以下的罚款。

第二十四条 建设单位违反本办法第十八条规定，未在施工前制定古树名木保护方案，或者未按照古树名木保护方案施工的，由县级以上古树名木行政主管部门责令改正，可以处 1 万元以上 3 万元以下的罚款；情节严重的，处 3 万元以上 10 万元以下的罚款；构成犯罪的，依法追究刑事责任。

第二十五条 县级以上古树名木行政主管部门及其工作人员滥用职权、徇私舞弊、玩忽职守致使古树名木受损害或者死亡的，由有权机关对直接负责的主管人员和其他直接责任人员依法给予行政处分。

第二十六条 本办法自 2017 年 10 月 1 日起施行。